新工科建设之路·数据科学与大数据系列教材

Hive 数据仓库案例教程

王剑辉　于　涧　编著

電子工業出版社
Publishing House of Electronics Industry
北京·BEIJING

内 容 简 介

本书系统介绍Hive数据仓库的相关知识和技术。全书共12章，主要内容包括Hive数据仓库基础、Hive环境搭建、Hive基础、Hive数据定义、Hive数据操作、HQL查询、Hive函数、Hive数据压缩、Hive优化、Hive综合案例和上机实验等。本书知识结构简单明了，案例生动具体，内容设计新颖。本书免费提供教学大纲、电子课件和所有案例源代码，书后附有部分习题参考答案。

本书可作为普通高校数据科学与大数据相关专业的教材，也可作为想继续深入了解大数据存储和开发的读者的参考书，还可作为各类大数据相关培训的教材。

图书在版编目（CIP）数据

Hive数据仓库案例教程 / 王剑辉，于润编著. — 北京：电子工业出版社，2021.8
ISBN 978-7-121-41806-8

Ⅰ. ①H… Ⅱ. ①王… ②于… Ⅲ. ①数据库系统－高等学校－教材 Ⅳ. ①TP311.13

中国版本图书馆CIP数据核字(2021)第165641号

责任编辑：凌　毅
印　　刷：三河市鑫金马印装有限公司
装　　订：三河市鑫金马印装有限公司
出版发行：电子工业出版社
　　　　　北京市海淀区万寿路173信箱　邮编：100036
开　　本：787×1 092　1/16　印张：12.5　字数：320千字
版　　次：2021年8月第1版
印　　次：2021年8月第1次印刷
定　　价：45.00元

凡所购买电子工业出版社图书有缺损问题，请向购买书店调换。若书店售缺，请与本社发行部联系。联系及邮购电话：(010)88254888，88258888。

质量投诉请发邮件至zlts@phei.com.cn，盗版侵权举报请发邮件至dbqq@phei.com.cn。

本书咨询联系方式：(010)88254528，lingyi@phei.com.cn。

前　言

2015年，党的十八届五中全会首次提出“国家大数据战略”，国务院印发了《促进大数据发展行动纲要》；党的十九大明确提出，要推动互联网、大数据、人工智能和实体经济深度融合。我国大数据产业面临重要的发展机遇。2016年2月，北京大学、对外经济贸易大学和中南大学成为第一批申报并获批开设数据科学与大数据技术专业的高校。到2021年，全国共有近700所高校开设大数据相关专业。

我国高校的数据科学与大数据技术及相关专业急需开设Hive数据仓库方面的课程。但是，目前能够满足Hive数据仓库课程教学要求的教材非常缺乏。为此，我们根据这几年从事Hive数据仓库课程教学和大数据项目开发的经验体会，自己编写了讲义，在自编讲义的基础上编写了本书。本书力求具有以下特色：

（1）求精求新——各章节的编写本着精练化、实用化的原则，尽量使用深入浅出的语言，讲解各种技术的基本原理及其在实际中的应用，同时力争把最新的Hive数据仓库技术纳入本书的内容范围。

（2）理论联系实际——每章都提供相应的应用案例，案例的选择具有典型性、实用性，案例的安排由浅入深、由易到难。案例教学使学生易理解、易掌握Hive数据仓库技术，并做到举一反三。

（3）教材结构完整——除具有基础理论和案例内容外，本书还提供较为全面的例题、习题、上机实验、部分习题答案等内容。此外，还提供配套的教学大纲、电子课件及源代码，方便教师教学和学生学习。

（4）广泛的适应性——适合不同层次的读者选用，本书可作为普通高等院校数据科学与大数据技术及相关专业的教学用书，也可作为大数据技术相关课程的培训用书。

本书系统介绍Hive数据仓库的相关知识和技术。全书共12章，主要内容包括Hive数据仓库基础、Hive环境搭建、Hive基础、Hive数据定义、Hive数据操作、HQL查询、Hive函数、Hive数据压缩、Hive优化、Hive综合案例和上机实验等。**本书免费提供教学大纲、电子课件和所有案例源代码**，读者可登录华信教育资源网www.hxedu.com.cn注册后下载。

本书参考教学学时数为40～80学时，其中理论教学20～40学时，上机实验20～40学时。教师可根据相关专业培养方案的要求，选取理论教学内容和上机实验内容进行教学。

本书由王剑辉和于澗编著。参加编写的人员还有逄华、邓甦、孟宪涛和蒋杏丽等。

在本书编写过程中，参考了许多著作和文献，在此对作者致以由衷的谢意。由于本书从策划选题到出版的用时较短，编者又都承担着繁重的教学和科研任务，在时间紧、任务重的情况下，书中难免有不当之处，敬请读者批评指正。欢迎发邮件至jwang116@hotmail.com或添加微信号（wasmann）反馈意见。

编者

2021年7月

目　录

第1章　Hive数据仓库基础

本章主要介绍Hive数据仓库的概念、特点、体系结构、执行流程及与数据库的比较等内容。

1.1　数据仓库

1.1.1　数据仓库的概念

数据库已经在信息技术领域有了广泛的应用，社会生活的各个领域几乎都有各种各样的数据库保存着各种数据。数据仓库作为数据库的一个分支，其概念的提出相对于数据库从时间上就晚得多。

1．数据仓库的定义

比尔·恩门（Bill Inmon）在1991年出版的*Building the Data Warehouse*一书中所提出的数据仓库定义被广泛接受。数据仓库（Data Warehouse）是一个面向主题的（Subject Oriented）、集成的（Integrated）、相对稳定的（Non-Volatile）、随时间变化（Time Variant）的数据集合，用于支持管理决策（Decision Making Support）。

（1）数据仓库是面向主题的

传统数据库的数据组织面向事务处理任务，而数据仓库中的数据是按照一定的主题进行组织的。主题是与传统数据库的面向应用相对应的，它是一个抽象概念，是在较高层次上将信息系统中的数据综合、归类并进行分析利用的抽象。每个主题对应一个宏观的分析领域。数据仓库排除对于决策无用的数据，提供特定主题的简明视图。例如商品推荐系统是基于数据仓库所构建出来的一个系统，它最关心的主题就是商品信息。

（2）数据仓库是集成的

数据仓库中的数据是在对原有分散的数据库中的数据进行抽取、清理的基础上，经过系统加工、汇总和整理得到的。必须消除原来的数据中的不一致性，以保证数据仓库内的信息是一致的全局信息。数据仓库是一个集成的数据库。也就是说，数据库中的数据来自分散型的、操作型的数据，把分散型的、操作型的数据从原来的数据中抽取出来，经过加工和处理，然后满足一定的要求，这样的数据才能进入数据仓库。原来的数据可以来自Oracle，也可以来自MySQL，或者来自文本文件或其他的文件系统。把不同的数据集成起来就形成了一个数据仓库。

（3）数据仓库是相对稳定的

数据仓库中的数据主要供决策分析使用，所涉及的数据操作主要是数据查询。一旦某些数据进入数据仓库后，一般情况下将被长期保留。也就是说，数据仓库中一般有大量的查询操作，但修改和删除操作很少，通常只需要定期加载、刷新。

（4）数据仓库是随时间变化的

数据仓库内的数据并不只是反映企业当前的状态，而是记录了从过去某一时间点到当前各个阶段的数据。数据仓库中的数据是随着时间的推移而变化并且逐渐增加的数据的集合。

从上面的介绍中可以看出，数据仓库可以将企业多年积累的数据唤醒，不仅为企业管理好这些海量数据，而且还能分析挖掘数据潜在的价值。

数据仓库是为企业所有级别的决策制订过程提供所有类型数据支持的战略集合。它是出于分析性报告和决策支持目的而创建的，为企业业务流程改进、成本、质量及控制提供指导。

数据仓库的建设是以企业现有业务系统和大量业务数据的积累为基础的。数据仓库不是静态的概念，只有把信息及时交给需要这些信息的使用者，供他们做出改善其业务经营的决策，信息才能发挥作用，信息才有意义。而把信息加以整理、归纳和重组，并及时提供给相应的管理决策人员，是数据仓库的根本任务。

数据仓库的出现，并不是要取代数据库。大部分数据仓库还是用数据库管理系统（DBMS）来管理的。可以说，数据库、数据仓库相辅相成、各有千秋。

数据处理大致可以分成两大类：联机事务处理（OLTP，On-Line Transaction Processing）和联机分析处理（OLAP，On-Line Analytical Processing）。OLTP 是关系型数据库的主要应用，主要是基本的、日常的事务处理，如银行交易等；OLAP 是数据仓库的主要应用，支持复杂的分析操作，侧重决策支持，并且提供直观易懂的查询结果。

OLTP 系统也称为面向交易的处理系统，其基本特征是，用户的原始数据可以立即传送到计算中心进行处理，并在很短的时间内给出处理结果。这样做的最大优点是可以即时处理输入的数据，并及时地回答，因此 OLTP 系统也称为实时系统（Real Time System）。衡量 OLTP 系统的一个重要性能指标是系统性能，具体体现为实时响应时间（Response Time），即从终端上输入数据到计算机对这个请求给出答复所需要的时间。OLTP 是由数据库引擎负责完成的。OLTP 数据库旨在使事务应用程序仅写入所需的数据，以便尽快处理单个事务。

随着数据库技术的发展和应用，数据库存储的数据量从 20 世纪 80 年代的 MB、GB 级，扩展到现在的 TB、PB 级，同时，用户的查询需求也越来越复杂，涉及的已不仅是查询或操纵一个关系表中的一条或几条记录，而且要对多个表中千万条记录的数据进行数据分析和信息综合，关系型数据库已不能完全满足这一要求。

OLAP 系统是数据仓库最主要的应用，专门设计用于支持复杂的分析操作，侧重对管理决策人员的决策支持。OLAP 系统可以根据管理决策人员的要求，快速、灵活地进行大数据量的复杂查询处理，并且以一种直观易懂的形式将查询结果提供给管理决策人员，以便他们准确掌握企业的经营状况、了解对象的需求、制订正确的分析决策方案。OLAP 的应用主要面向的是查询操作，一般不会做更新、删除或者插入操作。

2．数据仓库的主要技术

数据仓库的主要技术包括以下几个方面。

（1）并行

计算的硬件环境、操作系统环境、数据库管理系统及所有相关的数据库操作、查询工具和技术、应用程序等各个领域都可以从并行的最新成果中获益。

（2）分区

分区功能使得支持大型表和索引更容易，同时也提高了数据管理和查询性能及查询效率。

（3）数据压缩

数据压缩功能降低了数据仓库环境中通常需要的用于存储大量数据的磁盘系统的成本，新的数据压缩技术也已经消除了压缩数据对查询性能造成的负面影响。

1.1.2 数据仓库的特点

数据仓库是在数据已经大量存在的情况下，为了进一步分析、挖掘数据资源和决策需要而产生的，它并不是所谓的“大型数据库”。为了更好地为前端查询和分析应用服务，数据仓库往往有如下几个特点。

（1）效率足够高

数据仓库的分析数据一般按照时间周期分为日、周、月、季、年等类型数据。以日为周期的数据要求的效率最高，要求 24 小时内用户能看到数据分析结果。

（2）数据质量

数据仓库所提供的各种数据，要求是准确的数据，但由于数据仓库工作流程通常分为多个步骤，包括数据清洗、装载、查询、展现等，如果数据源有脏数据或者代码不严谨，可能导致数据失真，用户看到错误的信息就可能导致错误的决策，从而造成损失。

（3）扩展性

扩展性主要体现在数据建模的合理性上，数据仓库中扩展出一些中间层，使海量数据流有足够的缓冲，不至于因为数据量增大很多就运行不起来。

1.1.3 数据仓库的数据模型

数据仓库系统是一个信息提供平台，主要以星状模型和雪花模型进行数据组织，并为用户提供各种手段从数据中获取信息。

星状模型是搭建数据仓库的基本数据模型。在星状模型基础上发展起来的一种新型模型称为雪花模型。雪花模型应用在一些更复杂的场景中。

星状模型是一种由一个中心点向外辐射的模型。例如，对于商品推荐系统，面向的主题就是商品信息。与商品信息相关联的都有哪些信息呢？首先是用户信息，用户会购买商品，商品会形成订单，所以与订单信息是相关的。商品进行物流，所以肯定也会有物流信息，另外也会有促销信息。商品是由厂家生产的，所以肯定有厂家信息。这样就以商品信息为核心建立起来一个星状模型，这是一个面向商品信息主题的模型。

雪花模型是基于星状模型发展起来的。在商品信息这个主题的基础上进行扩展，例如以用户信息为核心，用户信息又是一个主题，与用户信息相关的会有用户的家庭信息、用户的地址信息、用户的教育背景信息，另外还有用户的银行信息等。当然，还会有其他信息与用户相关。这是以用户信息为主题来看的，也可以以其他主题来看，比如厂家信息，与厂家信息相关的信息很明显就有厂家的地址信息、员工信息等。所以这个模型就会越扩展越大，从而形成雪花模型。星状模型和雪花模型是大型数据仓库中最基本的两个模型，用户可以根据自己的实际情况选择一种合适的模型来搭建数据仓库。

以商品推荐系统为例建立星状模型和雪花模型，详见图 1-1 和图 1-2。

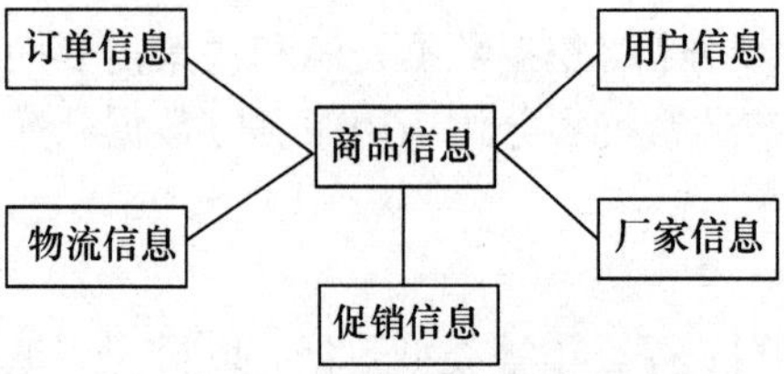

图 1-1　星状模型

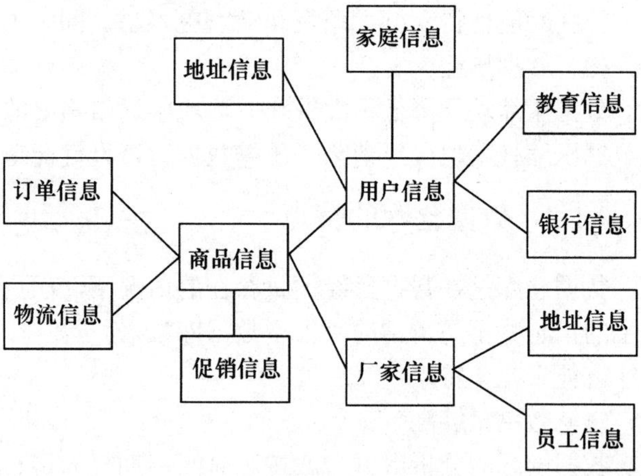

图 1-2　雪花模型

1.1.4　数据仓库的体系结构

从功能结构划分，数据仓库系统至少应包含数据获取（Data Acquisition）、数据存储（Data Storage）、数据访问（Data Access）三个核心部分。

数据源是数据仓库系统的基础，是整个数据仓库系统的数据源泉。数据通常存储在关系型数据库中，比如 Oracle 或者 MySQL。数据还可能来自文档资料，比如 CSV 文件或者 TXT 文件。数据也可能来自一些其他的文件系统。数据库是整个数据仓库系统的核心，是数据存放的地方并提供对数据检索的支持。

元数据是描述数据仓库内数据的结构和建立方法的数据。元数据为访问数据仓库提供了一个信息目录（Information Directory），这个目录全面描述了数据仓库中都有什么数据、这些数据怎么得到的及怎么访问这些数据，是数据仓库运行和维护的中心。数据仓库服务器利用它来存储和更新数据，用户通过它来了解和访问数据。

对不同的数据进行抽取（Extract）、转换（Transform）和装载（Load）的过程，也就是通常所说的 ETL 过程。抽取是指把数据源的数据按照一定的方式从各种各样的存储方式中读取出来。对各种不同数据存储方式的访问能力是数据抽取工具的关键。因为不同数据源的数据的格式可能会有所不同，不一定能满足需求，所以还要按照一定的规则进行转换。数据转换包括：删除对决策应用没有意义的数据，转换为统一的数据名称和定义及格式，计算统计和衍生数据，给缺值数据赋予默认值，把不同的数据定义方式统一。只有转换后符合要求的数据才能进行装载。装载就是将满足格式要求的数据存储到数据仓库中。

数据的存储与管理是整个数据仓库系统的核心。数据仓库的组织管理方式决定了它有别于传统数据库，同时也决定了其对外部数据的表现形式，并针对现有各业务系统的数据进行抽取、清理及有效集成，按照主题进行组织。

数据仓库管理包括：管理安全和权限；跟踪数据的更新；检查数据质量；管理和更新元数据；审计和报告数据仓库的使用及状态；删除数据；复制、分割和分发数据；备份和恢复；存储管理。

数据仓库的一个重要功能就是对外提供服务，所以需要数据仓库引擎。而在数据仓库引擎中包含不同的服务器，不同的服务器会提供不同的服务。比如，服务里面有数据的查询或者报表工具，还有数据的分析工具及其他的应用。这些功能都称为前端展示。前端展示的数据来自数据仓库引擎的各个服务，而服务又读取数据库中的数据。

信息发布系统功能是把数据仓库中的数据或其他相关的数据发送给不同的地点或用户。基于 Web 的信息发布系统是多用户访问的最有效方法。

1.2　Hive 数据仓库

Hadoop 是由 Apache 基金会开发的分布式系统基础架构，是利用集群对大量数据进行分布式存储和处理的软件框架。用户可以轻松地在 Hadoop 集群上开发和运行处理海量数据的应用程序。Hadoop 框架最核心的设计就是 HDFS（Hadoop Distributed File System，Hadoop 分布式文件系统）和 MapReduce。HDFS 为海量的数据提供了存储服务，MapReduce 为海量的数据提供了计算服务。此外，Hadoop 还包括 Hive、HBase、ZooKeeper、Pig、Avro、Sqoop、Flume、Mahout 等项目。

在 Hive 官网上可以看到关于 Hive 的描述：The Apache Hive data warehouse software facilitates reading, writing, and managing large datasets residing in distributed storage using SQL. Structure can be projected onto data already in storage. A command line tool and JDBC driver are provided to connect users to Hive.

从这段英文描述中，可以了解到以下几点：

- Hive 是工具；
- Hive 可以用来构建数据仓库；
- Hive 具有类似 SQL 的操作语句 HQL。

Hive 是用来开发 SQL 类型脚本，用于开发 MapReduce 操作的平台。Hive 最初由 Facebook 开源，用于解决海量结构化日志的数据统计分析。

Hive 是建立在 Hadoop 集群的 HDFS 上的数据仓库基础框架，可以将结构化的数据文件映射为一个数据仓库表，并提供类 SQL 查询功能，其本质是将类 SQL 语句转换为 MapReduce 任务运行。可以通过类 SQL 语句快速实现简单的 MapReduce 统计计算，不必开发专门的 MapReduce 应用程序，十分适合数据仓库的统计分析。

所有 Hive 处理的数据都存储在 HDFS 中，Hive 在加载数据过程中不会对数据进行任何修改，只是将数据移动或复制到 HDFS 中 Hive 设定的目录下。所以 Hive 不支持对数据的改写和添加，所有数据都是在加载时确定的。

Hive 定义了类 SQL 查询语言，称为 HQL（Hive Query Language，Hive 查询语言）。Hive 是 SQL 语句解析引擎，Hive 将用户的 SQL 语句通过解释器等工具转换为 MapReduce 任务，并提交到 Hadoop 集群上，Hadoop 监控任务执行过程，然后返回任务执行结果给用户。Hive 不是为联机事务处理（OLTP）而设计的，Hive 并不提供实时的查询和基于行级的数据更新操作。

1．Hive 的优点

① 简单、容易上手，简化了 MapReduce 应用程序的编写。

② 操作接口采用 HQL 语法，提供快速开发的能力。

③ Hive 常用于数据分析，对实时性要求不高。

④ Hive 常用于处理大数据，对于处理小数据没有优势。

⑤ 用户可以根据需求来实现用户自定义函数。

2. Hive 的缺点

（1）Hive 的 HQL 语句表达能力有限

① 无法表达迭代算法。

② 不擅长数据挖掘，Hive 常用于数据分析。

（2）Hive 的效率比较低

① Hive 自动生成 MapReduce 任务，不够智能化。

② Hive 调优比较困难。

1.3 Hive 体系结构及执行流程

Hive 是为了简化用户编写 MapReduce 应用程序而生成的一种框架。

1.3.1 Hive 体系结构

在 Hive 体系结构中，主要包括 Hive 用户接口、元数据存储（MetaStore）、驱动器（Driver）等。在 Hive 体系结构中，底层是操作系统，一般会使用 Linux 操作系统，如 CentOS、Ubuntu。Hive 体系结构详见图 1-3。

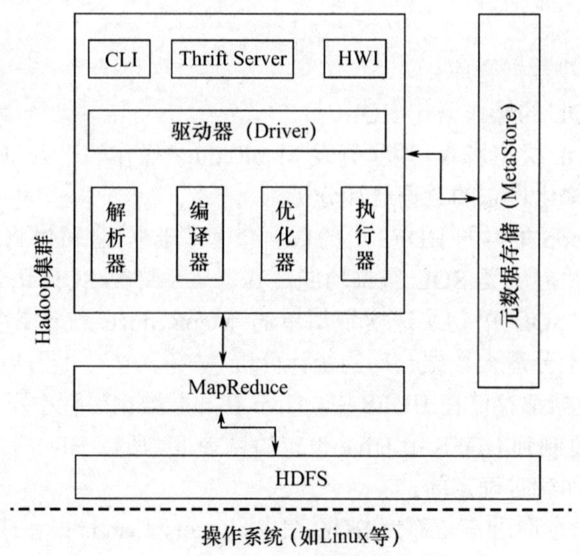

图 1-3　Hive 体系结构

1. Hadoop 集群

在操作系统之上，就是 Hadoop 集群。在 Hadoop 集群中，有名称节点，用来管理整个集群的工作，也有若干个数据节点，用来存储数据。在 Hadoop 集群中还有一个 JobTracker，负责整个任务的调度。在 Hive 中执行一条 HQL 语句，这条语句实际上会被解析成 MapReduce

任务，并提交到集群上，得到的最终结果会被反馈给客户端，这个工作就是由 JobTracker 完成的。有了 Hadoop 集群之后，就可以在其上构建 Hive 数据仓库。

2．驱动器

由于在 Hive 中需要操作 Hadoop 集群，如加载文件、删除文件等，所以在 Hive 体系结构中，会有 Hive 驱动器。Hive 驱动器包括解析器、编译器、优化器和执行器，负责 HQL 语句的执行过程。有了 Hive 驱动器，就能提供不同的访问接口进行操作。Hive 执行的 HQL 语句首先提交给驱动器，然后调用编译器解释驱动，最终解释成 MapReduce 任务执行，最后将结果返回给客户端。

① 解析器（HQL Parser）：将 HQL 语句转换成抽象语法树（AST）；对 AST 进行语法分析，比如表是否存在、字段是否存在、HQL 语义是否正确。

② 编译器（Compiler）：将 AST 编译生成逻辑执行计划。

③ 优化器（Query Optimizer）：对逻辑执行计划进行优化。

④ 执行器（Execution）：把逻辑执行计划转换成可以运行的 MapReduce 任务。

3．用户接口

用户接口主要有三个：CLI（Command Line Interface）、Thrift Server 和 HWI（Hive Web Interface），其中最常用的是 CLI。

Client 是 Hive 的客户端，Hive 启动后，用户连接至 HiveServer。在启动 Client 模式时，需要指出 HiveServer 所在节点，并且在该节点处启动 HiveServer。客户端可以直接在命令行模式下进行操作。通过命令行，用户可以创建表、执行查询等操作。

Hive 提供了 Thrift Server，用来提供访问服务。通过这个服务器，可以使用不同的程序语言，如 Java、Python，它们都可以连接到 Thrift Server 上，访问解析器、编译器、优化器和执行器。然后通过解析器、编译器、优化器和执行器，执行 Hadoop 集群的操作。

Hive 提供了更直观的 Web 操作控制台，可以执行查询语句和其他命令，这样就可以不用登录到集群中的某台计算机上使用 CLI 来进行查询工作。

4．元数据存储

Hive 中的表对应于 Hadoop 集群中的目录，所以表的存储位置等信息会存储在元数据中。比如表的名字或列的名字、列的类型，这种信息与表中数据没有任何关系，它反应的是表本身的信息，这种信息称为元数据。Hive 中的元数据包括表名、表所属的数据仓库、表的所有者、列/分区字段、表的类型（是否是外部表）、表的数据所在目录等。

由于 Hive 的元数据需要不断地更新、修改，而 HDFS 中的文件是读多改少的，显然不能将 Hive 的元数据存储在 HDFS 中。所以 Hive 将元数据存储在数据库中，这个数据库又称为 MetaStore，其可以是 MySQL 或 Oracle 数据库，也可以是 Hive 内嵌的 Derby 数据库。Hive 默认采用 Derby 数据库作为元数据存储的数据库。

图 1-4 给出了 Hive 表与元数据的映射关系。在 Hive 数据仓库中有两个表：一个 student 表和一个 score 表，student 表对应于 HDFS 中的/hive/student 目录，score 表对应于 HDFS 中的/hive/score 目录，student 表有 sid、sname、dname 字段，score 表有 cname、sid、score 字段。元数据被默认保存在 Derby 数据库中，有一个表用于保存表的信息，如表 ID、表的名称、存储位置。student 表 ID 为 1，名称为 student，存储位置为/hive/student；score 表 ID 为 2，名称

为 score，存储位置为/hive/score，这样保存了表的元数据。同样，把列的信息保存在 Derby 列信息表中，sid 为 1，对应表的 ID 也为 1。

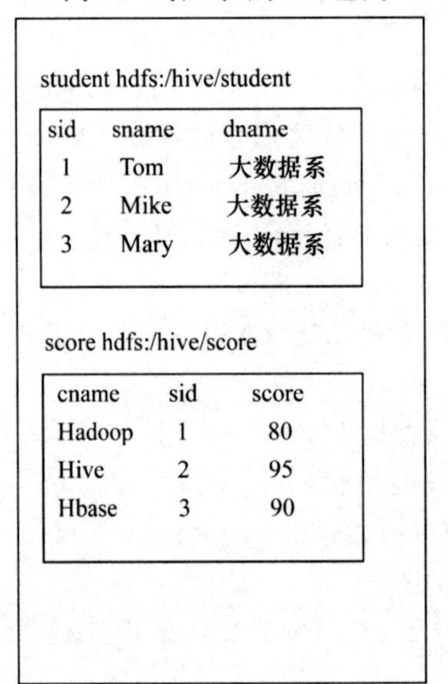

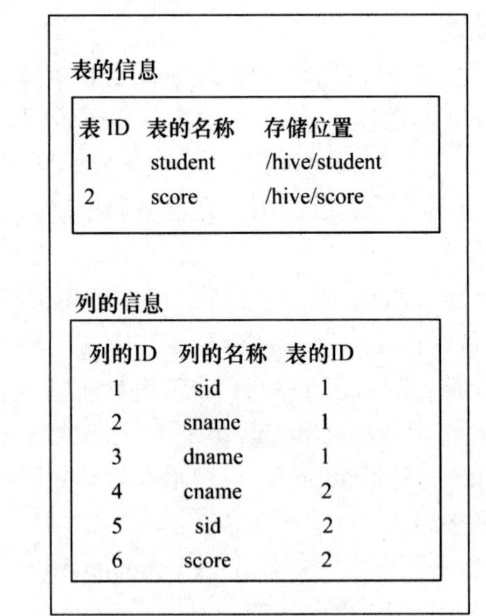

图 1-4 Hive 表与元数据的映射关系

1.3.2 Hive 执行流程

Hive 通过给用户提供的一系列交互接口，接收用户的指令 HQL，然后使用自己的驱动器，结合元数据存储，将这些指令翻译成 MapReduce 任务，提交到 Hadoop 集群中执行，最后将执行的结果返回并输出到用户接口。Hive 执行流程的大致步骤如下。

① 用户提交查询等任务给驱动器。

② 编译器获得该用户的任务计划 Plan。

③ 编译器根据用户任务计划去 MetaStore 中获取需要的 Hive 元数据信息。

④ 编译器得到元数据信息，对任务计划进行编译。先将 HQL 语句转换为抽象语法树，然后将抽象语法树转换成查询块，将查询块转化为逻辑查询计划，重写逻辑查询计划，将逻辑计划转化为物理计划（MapReduce），最后选择最佳的策略。

⑤ 将最终的计划提交给驱动器。

⑥ 驱动器将计划转交给执行器去执行，获取元数据信息，并提交给 JobTracker 或者 SourceManager 执行该任务，任务会直接读取 HDFS 中的文件进行相应的操作。

⑦ 取得并返回执行结果。

1.4 Hive 数据仓库和数据库比较

Hive 数据仓库与传统意义上的数据库是有区别的。一般来说，基于传统方式，可以用 Oracle 数据库或 MySQL 数据库来搭建数据仓库，数据仓库中的数据保存在 Oracle 或 MySQL 数据库中。Hive 数据仓库和它们是不一样的，Hive 数据仓库是建立在 Hadoop 集群的 HDFS 之上的数据仓库。也就是说，Hive 数据仓库中的数据是保存在 HDFS 上的。Hive 数据仓库可以通过 ETL 的形式来抽取、转换和加载数据。Hive 提供了类似 SQL 的查询语句 HQL，可以用“select * from 表名;”来查询到 Hive 数据仓库中的数据，这与关系型数据库的操作是一样的。

其实从结构上来看，Hive 数据仓库和数据库除了拥有类似的查询语言，再无类似之处。下面将从多个方面来阐述 Hive 数据仓库和数据库的差异。

1．查询语言

针对 Hive 特性设计了类 SQL 的查询语言 HQL，因此，熟悉数据库 SQL 的开发者可以很方便地使用 Hive 进行开发统计分析。

2．数据存储系统

Hive 数据仓库使用 Hadoop 集群的 HDFS 来存储数据，而数据库则将数据保存在本地文件系统中。

3．数据更新

数据库中的数据通常是需要经常进行修改更新的，因此可以使用 INSERT 添加数据、使用 UPDATE 修改更新数据。由于 Hive 是针对数据仓库应用设计的，而数据仓库的内容是读多写少的，因此，Hive 数据仓库中不建议对数据进行改写，所有的数据都是在加载时确定好的。

4．数据规模

由于 Hive 数据仓库建立在 Hadoop 集群上并可以利用 MapReduce 进行并行计算，因此支持很大规模的数据；相对而言，数据库支持的数据规模较小。

5．执行延迟

Hive 数据仓库中大多数查询的执行是通过 Hadoop 集群提供的 MapReduce 来实现的，而数据库通常有自己的执行引擎。

Hive 数据仓库在查询数据时，由于没有对数据中的某些 key 建立索引，需要扫描整个表中的所有数据，因此访问延迟较高。由于 MapReduce 本身具有较高的延迟，因此在利用 MapReduce 执行 Hive 查询时，也会有较高的延迟。而通常情况下数据库的执行延迟较低。当数据规模大到超过数据库的处理能力时，Hive 数据仓库的并行计算显然能体现出优势。

6．可扩展性

Hive 数据仓库是建立在 Hadoop 集群之上的，所以 Hive 数据仓库的可扩展性和 Hadoop 集群的可扩展性是一致的。而数据库的扩展性非常有限。

7．应用场景

Hive 数据仓库是为海量数据做数据分析设计的，而数据库是为实时查询业务设计的。Hive 数据仓库的实时性很差，实时性的差别导致 Hive 数据仓库的应用场景和数据库有很大不同。

Hive 数据仓库构建在基于静态批处理的 Hadoop 集群之上，由于 Hadoop 集群通常都有较高的延迟并且在作业提交和调度时需要大量的开销，因此，Hive 数据仓库并不适合那些需要低延迟的应用。它最适合应用在基于大量不可变数据的批处理作业中，例如网络日志分析。

习　题　1

一、选择题

1．Hive 是建立在（　　）之上的一个数据仓库。

A．MySQL　　B．MapReduce　　C．Hadoop 集群　　D．HBase

2．Hive 是由（　　）公司开源的大数据处理组件。

A．Google　　B．Apache　　C．Facebook　　D．SUN

3．Hive 的计算引擎是（　　）。

A．Spark　　B．MapReduce　　C．HDFS　　D．HQL

4．所有 Hive 处理的数据都存储在（　　）中。

A．HBase　　B．MapReduce　　C．HDFS　　D．Hadoop

5．比尔・恩门（Bill Inmon）在（　　）年出版了 *Building the Data Warehouse* 一书，其中所提出的数据仓库（Data Warehouse）的定义被广泛接受。

A．1981　　B．1986　　C．1991　　D．1996

二、多选题

1．Hive 数据仓库中的数据，可能的来源有哪些？（　　）

A．Oracle 数据库　　B．行为数据　　C．业务数据系统　　D．文档资料

2．Hive 中 HQL 语句执行会经历哪些过程？（　　）

A．解释器　　B．编译器　　C．优化器　　D．执行器

3．Hive 提供了哪些访问接口来进行查询？（　　）

A．Java API　　B．CLI　　C．HWI　　D. Thrift Server

4．关于 Hive 的描述正确的是（　　）。

A．Hive 依赖 Hadoop　　B．Hive 可以用来建立数据仓库

C．Hive 可以低延迟进行查询　　D．Hive 可以使用类 SQL 语句进行查询

5．数据仓库的基本特点有哪些？（　　）

A．数据仓库是面向主题的　　B．数据仓库是集成的

C．数据仓库是不可更新的　　D．数据仓库是随时间变化的

6．对数据仓库的操作，一般包括哪些方面？（　　）

A．数据抽取　　B．数据爬取　　C．数据转换　　D．数据装载

7．关于 Hive 的描述正确的是（　　）。

A．Hive 的表就是 HDFS 的目录或文件

B．Hive 是 SQL 语句解析引擎，将 SQL 语句转换成 MapReduce 作业在 Hadoop 集群中执行

C．Hive 允许熟悉 MapReduce 的开发者自定义函数

D．生产环境下，Hive 元数据一般存储在 Derby 数据库中

8．Hive 的元数据能够存储在哪些位置？（　　）

A．MySQL　　B．Derby　　C．Oracle　　D．文本文件

9．Hive 体系结构主要包括（　　）等。

A．Hive 用户接口　　B．元数据存储（MetaStore）

C．驱动器（Driver）　　D．Hadoop 集群

10．Hadoop 框架最核心的设计就是 HDFS 和 MapReduce。此外，Hadoop 还包括（　　）等项目。

A．Hive　　B．HBase　　C．Sqoop　　D．ZooKeeper

三、简答题

1．什么是数据仓库？

2．简述联机事务处理（OLTP）和联机分析处理（OLAP）。

3．简述数据仓库的特点。

4．简述数据仓库的数据模型。

5．简述数据仓库的体系结构。

6．简述 Hive 的 ETL 操作。

7．简述 Hive 数据仓库的概念。

8．简述 Hive 的优缺点。

9．简述 Hive 的驱动器。

10．简述 HQL 的解析和执行过程。

11．简述 Hive 的元数据存储。

12．比较 Hive 数据仓库和数据库的异同。

13．简述 Hive 的应用场景。

14．以商品推荐系统为例简述数据仓库的星状模型和雪花模型。

第2章 Hive环境搭建

本章主要介绍 Hive 运行环境的完整安装过程与详细配置方法，包括 Hive 安装及配置、MySQL 安装及配置、Hive 元数据配置、Hive JDBC 连接及 Hive 常见属性配置等内容。这些内容是 Hive 正常运行的基础和保证。

2.1 Hive安装及配置

Hive 是依赖于 Hadoop 集群的，因此在安装 Hive 之前，需要保证已经搭建好 Hadoop 集群环境。在这里假设 Hadoop 集群环境已经安装成功。

2.1.1 Hive的安装模式

Hive 有 3 种安装模式，分别对应不同的应用场景。

1．嵌入模式

元数据保存在内嵌的 Derby 数据库中，只允许一个会话连接。Hive 嵌入模式有很大的局限性，只创建一个连接意味着同一时间只能有一个用户操作 Hive 数据仓库，所以嵌入模式用于演示。当尝试多个会话连接时会报错。

2．本地模式

使用关系型数据库（如 MySQL）来存储元数据，是一种多用户的模式，支持多个用户的客户端连接同一个数据库。这里有一个前提条件，每个用户必须要有对 MySQL 数据库的访问权利，即每个客户端使用者需要具有登录 MySQL 数据库的用户名和密码。MySQL 数据库与 Hive 运行在同一台物理机器上。一般本地模式用于开发和测试。

3．远程模式

与本地模式一样，远程模式也会将元数据存储在 MySQL 数据库中，区别是远程模式可以将元数据存储在另一台物理机器上，也可以将元数据存储在另一种操作系统上。这种模式需要 Hive 安装目录下提供的 Beeline 和 HiveServer2 配合使用，将元数据作为一个单独的服务进行启动。各个用户的客户端通过 Beeline 来连接，连接之前无须知道数据库的登录密码。远程模式一般用于生产环境中，允许多个连接是经常使用的模式。

2.1.2 Hive安装及配置过程

本书 Hive 版本使用 apache-hive-2.1.0-bin.tar.gz 安装包，该安装包可以直接从 Hive 官网下载。下面来介绍 Hive 本地模式的安装及属性配置方法。

1．Hive 安装准备

（1）目录创建

在/opt 目录下创建 datas、software 目录，用于存放数据文件和安装软件：

```
hadoop@SYNU:/opt$  sudo mkdir datas
hadoop@SYNU:/opt$  sudo mkdir software
```

（2）目录权限修改

修改 datas、software 目录的所有者为用户 hadoop：

```
hadoop@SYNU:/opt$  sudo chown hadoop:hadoop datas/ software/
```

2. Hive 安装及配置

（1）安装包导入

把 apache-hive-2.1.0-bin.tar.gz 安装包导入 Linux 系统本地的/opt/software 目录下。

（2）解压

将安装包 apache-hive-2.1.0-bin.tar.gz 解压到/usr/local/目录下：

```
hadoop@SYNU:/opt/software$ tar -zxvf
apache-hive-2.1.0-bin.tar.gz -C /usr/local/
```

（3）修改名称

把 apache-hive-2.1.0-bin 的名称更改为 hive：

```
hadoop@SYNU:/usr/local/apache-hive-2.1.0-bin$ mv
apache-hive-2.1.0-bin/ hive
```

（4）查看 Hive 目录结构

```
hadoop@SYNU:/usr/local/hive$ ll
总用量 140
drwxr-xr-x  9 hadoop hadoop  4096 1月  19 15:38 ./
drwxr-xr-x 20 root   root    4096 11月  5  2020 ../
drwxr-xr-x  3 hadoop hadoop  4096 11月  5  2020 bin/
drwxr-xr-x  2 hadoop hadoop  4096 1月  23 13:49 conf/
-rw-rw-r--  1 hadoop hadoop     0 1月  19 15:38 derby.log
drwxr-xr-x  4 hadoop hadoop  4096 11月  5  2020 examples/
drwxr-xr-x  7 hadoop hadoop  4096 11月  5  2020 hcatalog/
drwxr-xr-x  2 hadoop hadoop  4096 11月  5  2020 jdbc/
drwxr-xr-x  4 hadoop hadoop 12288 1月  20 16:04 lib/
-rw-r--r--  1 hadoop hadoop 29003 6月   3  2020 LICENSE
-rw-r--r--  1 hadoop hadoop   513 6月   3  2020 NOTICE
-rw-r--r--  1 hadoop hadoop  4122 6月   3  2020 README.txt
-rw-r--r--  1 hadoop hadoop 50294 6月  17  2020 RELEASE_NOTES.txt
drwxr-xr-x  4 hadoop hadoop  4096 11月  5  2020 scripts/
```

（5）重要目录

① bin 目录：存放 Hive 相关服务执行操作的脚本。

② conf 目录：Hive 的配置文件目录，存放 Hive 的配置文件。

③ lib 目录：存放 Hive 的各种依赖 JAR 包。

④ example 目录：存放 Hive 的文档和官方案例。

（6）配置环境变量

```
sudo vi /etc/profile
export HIVE_HOME=/usr/local/hive
export PATH=$PATH:$HIVE_HOME/bin
```

```
source /etc/profile
```

（7）修改配置文件名称

把/usr/local/hive/conf 目录下的 hive-env.sh.template 名称更改为 hive-env.sh：

```
hadoop@SYNU:/usr/local/hive/conf$ mv hive-env.sh.template hive-env.sh
```

（8）配置 hive-env.sh 文件

① 配置 HADOOP_HOME 路径：

```
export HADOOP_HOME=/usr/local/hadoop
```

② 配置 HIVE_CONF_DIR 路径：

```
export HIVE_CONF_DIR=/usr/local/hive/conf
```

3．Hadoop 集群目录创建

（1）启动 HDFS 和 YARN

```
hadoop@SYNU:/usr/local/hadoop$ sbin/start-dfs.sh
hadoop@SYNU:/usr/local/hadoop$ sbin/start-yarn.sh
```

（2）创建目录

在 HDFS 上创建/tmp 和/user/hive/warehouse 两个目录：

```
hadoop@SYNU:/usr/local/hadoop$ bin/hadoop fs -mkdir /tmp
hadoop@SYNU:/usr/local/hadoop$ bin/hadoop fs -mkdir -p  /user/hive/warehouse
```

（3）修改同组权限为可执行权限

```
hadoop@SYNU:/usr/local/hadoop$ bin/hadoop fs -chmod g+w /tmp
hadoop@SYNU:/usr/local/hadoop$ bin/hadoop fs -chmod g+w /user/hive/warehouse
```

2.1.3　Hive 基本操作

（1）启动 Hive

```
hadoop@SYNU:/usr/local/hive$ bin/hive
```

（2）查看数据仓库

```
hive > show databases;
```

（3）切换到默认（default）数据仓库

```
hive > use default;
```

（4）显示 default 数据仓库中的表

```
hive > show tables;
```

（5）在 default 数据仓库中创建一个表

```
hive > create table test(id int, name string);
```

（6）显示数据仓库中的表

```
hive > show tables;
```

（7）查看表的结构

```
hive > desc test;
```

（8）向表中插入数据

```
hive > insert into test values(100,"Doug");
```

（9）查询表中的数据

```
hive > select * from test;
```

（10）退出 Hive

```
hive > quit;
```

2.2　MySQL 安装及配置

Hive 元数据默认存储在自带的 Derby 数据库中。Derby 数据库只支持单用户模式，不能并发调用 Hive。而 MySQL 数据库存储元数据支持多用户模式，可以并发调用 Hive，因此还需要安装 MySQL。

2.2.1　MySQL 安装包准备

MySQL 安装包为 mysql-libs.zip 压缩文件。

（1）查看 MySQL 是否安装，如果安装了，则卸载 MySQL

```
root@SYNU 桌面# rpm -qa|grep -i mysql
mysql-libs-5.1.73-7.el6.x86_64
```

（2）解压安装包文件到 software 目录下

```
root@SYNU:/opt/software# unzip mysql-libs.zip
root@SYNU:/opt/software# ls
mysql-libs.zip
mysql-libs
```

（3）进入 mysql-libs 目录查看目录结构

```
root@SYNU:/opt/software/mysql-libs# ll
总用量 76048
-rw-r--r--. 1 root root 18509960 3月  26 2015
MySQL-client-5.6.24-1.el6.x86_64.rpm
-rw-r--r--. 1 root root  3575135 12月  1 2013
mysql-connector-java-5.1.27.tar.gz
-rw-r--r--. 1 root root 55782196 3月  26 2015
MySQL-server-5.6.24-1.el6.x86_64.rpm
```

2.2.2　MySQL 服务器端安装

（1）安装 MySQL 服务器端

```
root@SYNU:/opt/software/mysql-libs# rpm -ivh
MySQL-server-5.6.24-1.el6.x86_64.rpm
```

（2）查看产生的随机密码

```
root@SYNU:/opt/software/mysql-libs# cat /root/.mysql_secret
OEXaQuS8IWkG19Xs
```

（3）查看 MySQL 状态

```
root@SYNU:/opt/software/mysql-libs# service mysql status
```

（4）启动 MySQL

```
root@SYNU:/opt/software/mysql-libs# service mysql start
```

2.2.3 MySQL 客户端安装

（1）安装 MySQL 客户端

```
root@SYNU:/opt/software/mysql-libs# rpm -ivh
MySQL-client-5.6.24-1.el6.x86_64.rpm
```

（2）连接登录 MySQL

```
root@SYNU:/opt/software/mysql-libs# mysql -uroot
-pOEXaQuS8IWkG19Xs
```

（3）修改密码

```
mysql>SET PASSWORD=PASSWORD('000000');
```

（4）退出 MySQL

```
mysql>exit;
```

2.3 Hive 元数据配置

2.3.1 驱动复制

（1）解压 mysql-connector-java-5.1.27.tar.gz 驱动包

```
root@SYNU:/opt/software/mysql-libs# tar -zxvf
mysql-connector-java-5.1.27.tar.gz
```

（2）将解压的 JAR 包复制到/usr/local/hive/lib/目录下

```
root@SYNU mysql-connector-java-5.1.27# cp
mysql-connector-java-5.1.27-bin.jar
/usr/local/hive/lib/
```

2.3.2 配置元数据到 MySQL

（1）在/usr/local/hive/conf 目录下创建一个 hive-site.xml 文件

```
hadoop@SYNU:/usr/local/hive/conf$ touch hive-site.xml
hadoop@SYNU:/usr/local/hive/conf$ vi hive-site.xml
```

（2）将官方文档配置参数复制到 hive-site.xml 文件中

```
<?xml version="1.0"?>
<?xml-stylesheet type="text/xsl" href="configuration.xsl"?>
<configuration>
    <property>
      <name>javax.jdo.option.ConnectionURL</name>
<value>jdbc:mysql://localhost:3306/metastore?createDatabaseIfNotExist=
true</value>
      <description>JDBC connect string for a JDBC metastore</description>
    </property>

    <property>
      <name>javax.jdo.option.ConnectionDriverName</name>
      <value>com.mysql.jdbc.Driver</value>
```

```
        <description>Driver class name for a JDBC metastore</description>
    </property>

    <property>
        <name>javax.jdo.option.ConnectionUserName</name>
        <value>hive</value>
        <description>username to use against metastore database</description>
    </property>

    <property>
        <name>javax.jdo.option.ConnectionPassword</name>
        <value>hive</value>
        <description>password to use against metastore database</description>
    </property>
</configuration>
```

在该配置文件中，创建了名字为 metastore 的数据库用于存储元数据信息，并设置了登录 MySQL 数据库的用户名和密码，分别都是 hive。

配置完毕后，Hive 就可以正常启动。如果启动 Hive 异常，可以重新启动虚拟机，并启动 Hadoop 集群。

2.3.3　多终端启动 Hive

（1）启动 MySQL

```
hadoop@SYNU:/opt/software/mysql-libs$ mysql -uhive -phive
```

查看有几个数据库：

```
mysql> show databases;
+--------------------+
| Database           |
+--------------------+
| information_schema |
| mysql              |
| performance_schema |
| test               |
+--------------------+
```

（2）打开多个终端，分别启动 Hive

```
hadoop@SYNU:/usr/local/hive$ bin/hive
```

（3）启动 Hive 后，回到 MySQL 窗口查看数据库，显示增加了 metastore 数据库

```
mysql> show databases;
+--------------------+
| Database           |
+--------------------+
| information_schema |
| metastore          |
| mysql              |
```

```
| performance_schema |
| test               |
+--------------------+
```

2.4 Hive JDBC 连接

Hive 是大数据技术中数据仓库应用的基础组件，是其他类似数据仓库应用的对比基准。基础的数据操作可以通过脚本方式由 Hive 客户端进行处理。若要开发应用程序，则需要使用 Hive 的 JDBC 驱动进行连接。Hive 内置了 HiveServer 和 HiveServer2 服务器，两者都允许客户端使用多种编程语言进行连接，但是 HiveServer 不能处理多个客户端的并发请求，所以产生了 HiveServer2。

HiveServer2 允许远程客户端使用各种编程语言向 Hive 提交请求并检索结果，支持多客户端并发访问和身份验证。HiveServer2 包括基于 Thrift 的 Hive 服务器和用于 Web UI 的 Jetty Web 服务器。

HiveServer2 拥有自己的 CLI（Beeline）。Beeline 是一个基于 SQLLine 的 JDBC 客户端。由于 HiveServer2 是 Hive 开发维护的重点，所以推荐使用 Beeline。

2.4.1 HiveServer2 配置

切换到/usr/local/hive/conf 目录下，修改 hive-site.xml 文件，写入以下配置信息：

```
hadoop@SYNU:/usr/local/hive/conf$ vim hive-site.xml

   <property>
      <name>hive.server2.thrift.port</name>
      <value>10000</value>
   </property>
   <property>
      <name>hive.server2.thrift.bind.host</name>
      <value>localhost</value>
   </property>
```

该配置信息配置了 HiveServer2 的端口号和主机名。

2.4.2 HiveServer2 启动

经过以上配置后，就可以在 Beeline 中连接 Hive 了。

进入 Hive 的安装目录启动 HiveServer2，执行以下两个命令都可以启动 HiveServer2 服务：

```
hadoop@SYNU:/usr/local/hive$ bin/hive --service hiveserver2
hadoop@SYNU:/usr/local/hive$ bin/hiveserver2
```

2.4.3 Beeline 启动

打开一个新终端，进入 Hive 安装目录，执行以下命令启动 Beeline：

```
hadoop@SYNU:/usr/local/hive$ bin/beeline
Beeline version 2.1.0 by Apache Hive
beeline>
```

2.4.4　HiveServer2 连接

在 Beeline 中连接 HiveServer2，输入如下命令：

```
beeline> !connect jdbc:hive2://localhost:10000
Connecting to jdbc:hive2://localhost:10000
Enter username for jdbc:hive2://localhost:10000: hive
Enter password for jdbc:hive2://localhost:10000: ****
Connected to: Apache Hive (version 2.1.0)
Driver: Hive JDBC (version 2.1.0)
Transaction isolation: TRANSACTION_REPEATABLE_READ
0: jdbc:hive2://localhost:10000> show databases;
+----------------+--+
| database_name  |
+----------------+--+
| default        |
+----------------+--+
```

此处输入的用户名及密码是在配置文件 hive-site.xml 中设置的用户名和密码。

2.5　Hive 常见属性配置

2.5.1　Hive 位置配置

① Hive 数据仓库的默认存储位置是在 HDFS 的/user/hive/warehouse 目录下。

② 在 HDFS 的/user/hive/warehouse 目录下，没有为默认（default）数据仓库创建目录。如果某个表属于 default 数据仓库，直接在该目录下新创建一个目录。

③ 修改 default 数据仓库存储位置，将 hive-default.xml.template 中如下配置信息复制到 hive-site.xml 文件中：

```
<property>
<name>hive.metastore.warehouse.dir</name>
<value>/user/hive/warehouse</value>
<description>location of default database for the warehouse</description>
</property>
```

2.5.2　信息显示配置

① 在 hive-site.xml 文件中添加如下配置信息，可以显示查询表的头部信息及当前数据仓库：

```
<property>
    <name>hive.cli.print.header</name>
    <value>true</value>
</property>

<property>
```

```
    <name>hive.cli.print.current.db</name>
    <value>true</value>
</property>
```

② 重新启动 Hive，对比配置前后的差异，可以看到在查询结果中增加了表头的字段信息，在命令行中增加了当前所在的数据仓库信息。

2.5.3 运行日志信息配置

Hive 的运行日志 log 默认存放在当前用户名下，例如/tmp/hadoop/hive.log 目录下，可以更改它的存放位置。

① 将 Hive 的运行日志 log 存放到/usr/local/hive/logs 目录下。

② 修改/usr/local/hive/conf/hive-log4j.properties.template 文件名为 hive-log4j.properties：

```
hadoop@SYNU:/usr/local/hive/conf$ mv hive-log4j.properties.template
hive-log4j.properties
```

③ 在 hive-log4j.properties 文件中修改 log 存放位置：

```
hive.log.dir=/usr/local/hive/logs
```

2.5.4 Hive 参数配置方式

1．使用 set 命令查看当前所有的配置信息

```
hive(hivedwh)>set;
```

2．参数配置的 3 种方式

（1）配置文件方式

Hive 默认配置文件为 hive-default.xml，用户自定义配置文件为 hive-site.xml。

当然，用户自定义配置会覆盖默认配置，并且 Hive 也会读入 Hadoop 的配置信息，因为 Hive 是作为 Hadoop 的客户端启动的，所以 Hive 的配置会覆盖 Hadoop 的配置。配置文件的设定对本机启动的所有 Hive 进程都有效。

（2）命令行参数方式

启动 Hive 时，可以在命令行添加-hiveconf param=value 来设定参数。例如：

```
hadoop@SYNU:/usr/local/hive$ bin/hive -hiveconf hive.cli.print.current.db=
true;
```

但这里仅对本次 Hive 启动有效。

查看参数设置：

```
hive(default)>set hive.cli.print.current.db;
```

（3）参数声明方式

可以在命令行模式下使用 set 命令设定参数。例如：

```
hive(default)>set hive.cli.print.current.db=true;
```

这里也仅对本次 Hive 启动有效。

查看参数设置：

```
hive(default)>set hive.cli.print.current.db;
```

上述三种设定参数配置方式的优先级依次递增，即配置文件方式<命令行参数方式<参数声明方式。

习　题　2

一、选择题

1．Hive 自定义的配置信息一般存储在 Hive 安装目录下 conf 目录的（　　）文件中。

A．hive-core.xml　　B．hive-default.xml

C．hive-site.xml　　D．hive-lib.xml

2．开发 Hive 远程服务程序，不需要添加哪个依赖包?（　　）

A．hadoop lib　　B．jdbc 连接包 mysql-connector-java-5.1.27.jar

C．hive lib　　D．Webservice 相关 lib 包

3．关于 Hive 嵌入模式说法错误的是（　　）。

A．元数据存储在 Derby 数据库中　　B．只允许创建一个连接

C．一般用于测试使用　　D．一般用于生产环境

4．启动 Hive 的命令是（　　）。

A．bin/beeline　　B．bin/server

C．bin/hiveserver2　　D．bin/hive

5．hive-env.sh 文件中的配置信息包括（　　）。

A．HADOOP_HOME　　B．HIVE_HOME

C．JAVA_HOME　　D．YARN_HOME

6．要显示当前数据仓库及查询表的头部信息，可以在（　　）文件中配置。

A．hive-core.xml　　B．hive-default.xml

C．hive-env.sh　　D．hive-site.xml

7．启动 Beeline 的正确顺序是（　　）。

A．hadoop/hive /hiveserver2/beeline　　B．hadoop/hiveserver2/beeline

C．hadoop/hive/beeline /hiveserver2　　D．hadoop/beeline /hiveserver2

二、多选题

1．hive-site.xml 文件中的配置信息包括（　　）。

A．存储元数据信息的数据仓库　　B．登录 MySQL 数据库的用户名

C．登录 MySQL 数据库的密码　　D．连接数据仓库的 URL

2．Hive 的安装模式有哪些？（　　）

A．嵌入模式　　B．本地模式　　C．远程模式　　D．伪分布模式

3．关于 Hive 本地模式正确的有（　　）。

A．元数据存储在 MySQL 中　　B．数据库和 Hive 在同一台物理机器上

C．多用于开发或测试　　D．可多用户访问 Hive

三、判断题

1．Hive 本地模式和远程模式最关键的差别是存储元数据的 MySQL 数据库的安装位置是在本地还是在远端。（　　）

A．正确　　B．错误

2．MySQL 数据库存储元数据支持多用户模式，可以并发调用 Hive。（　　）

A．正确　　　　　　　　　　　　　　　　B．错误

3．使用 JDBC 方式连接 Hive，可以通过 Java 程序代码操作 Hive。（　　）

A．正确　　　　　　　　　　　　　　　　B．错误

4．启动 Hive 之前，必须首先启动 Hadoop。（　　）

A．正确　　　　　　　　　　　　　　　　B．错误

四、简答题

1．简述 Hive 的 3 种安装模式。

2．安装 Hive 之后，为什么还要安装及配置 MySQL?

3．简述 Hive JDBC 驱动连接。

4．为什么启动 Hive 之前必须首先启动 Hadoop?

5．简述 Hive 参数配置方式及其优先级别。

6．为什么 Hive 能够多窗口启动?

五、实践题

1．上机搭建 Hive 运行环境。

2．上机安装与配置 Hive。

3．上机安装与配置 MySQL。

4．上机连接 Hive JDBC。

第3章 Hive基础

本章主要介绍Hive相关的基础知识，包括数据类型、运算符、Hive数据存储、文件存储格式及Hive的一些常用命令等。

3.1 Hive数据类型

在创建Hive表时，须指定表字段的数据类型。

Hive 中的数据类型分为基本数据类型和复杂数据类型。基本数据类型包括数值类型、布尔类型、字符串类型、时间戳类型等。复杂数据类型包括数组（Array）类型、映射（Map）类型和结构体（Struct）类型等。

3.1.1 基本数据类型

基本数据类型见表3-1。

表3-1 基本数据类型

基本数据类型	描述	示例
Tinyint	1字节有符号整数	80
Smallint	2字节有符号整数	80
Int	4字节有符号整数	80
Bigint	8字节有符号整数	80
Boolean	布尔类型，True或者False	True，False
Float	单精度浮点数	3.14159
Double	双精度浮点数	3.14159
Decimal	任意精度的带符号小数	Decimal(5,2)用于存储-999.99～999.99的5位数值，小数点后2位
String	变长字符串。使用单引号或双引号	'now is the time'，"for all good men"
Varchar	变长字符串	"a"，'b'
Char	固定长度字符串	"a"，'b'
Date	日期，对应年、月、日	'2021-03-29'
TimeStamp	时间戳	不包含任务的时区信息
Binary	字节数组	用于存储变长的二进制数据

Hive基本数据类型中的String类型相当于数据库中的Varchar类型，该数据类型是一个可变长的字符串，但不能声明其中最多能存储多少个字符，理论上可以存储2GB的字符。

Hive中涉及的日期时间有两种类型。第一种是Date类型，它是从Hive 0.12.0版本开始支持的。Date 类型的数据是通常所说的日期，通常用“年、月、日”来表示一个具体的日期。Date 类型的格式为 YYYY-MM-DD，YYYY 表示年，MM 表示月，DD 表示日。Hive 中的 Date 类型只包括年、月、日，不包括时、分、秒。第二种是 TimeStamp 类型，从 Hive 0.8.0 版本开始，Hive 又支持了一种称为 TimeStamp（时间戳）的时间类型。它是与时区无关的类型，也就是说，各个时区、各个地方所表示的值是相等的，是一个从 UNIX 时代开始的时间偏移量。当前使用的时间戳偏移量都是 10 位整数，如果遇到 13 位的时间戳，则表示毫秒数。如果 TimeStamp 为浮点数，则表示精确到纳秒，小数点后保留 9 位。在 Hive 中提供的 TimeStamp 可转换为日期，其格式为 YYYY-MM-DD HH:MM:SS。

3.1.2 复杂数据类型

Hive 有 3 种复杂数据类型，包括数组、映射和结构体。Array 和 Map 与 Java 语言中的 Array 和 Map 类似，Struct 与 C 语言中的 Struct 类似。

Array 类型声明格式为 Array<data_type>，表示相同数据类型的数据所构成的集合。Array 元素的访问通过从 0 开始的下标实现，例如 Array[1]访问的是第 2 个数组元素。

Map 类型通过 Map<key, value>来声明，key 只能是基本数据类型，value 可以是任意数据类型。Map 元素的访问使用[]，例如 Map['key1']。

Struct 类型封装一组有名字的字段，可以包含不同数据类型的元素，其类型可以是任意的基本数据类型。Struct 类型更灵活，可以存储多种数据类型的数据。Struct 元素的访问使用点运算符。

复杂数据类型见表 3-2。

表 3-2 复杂数据类型

复杂数据类型	描述	示例
Array	一组具有相同数据类型的数据的集合	数组 friends['Bill','Linus']，第 2 个元素可以通过 friends[1]进行访问
Map	一组键值对元组的集合	如果字段 children 的数据类型是 Map，其中键值对是 'Paul'->18，那么可以通过字段名 children['Paul']访问这个元素
Struct	封装一组有名字的字段，其类型可以是任意的基本数据类型	如果字段 address 的数据类型是 Struct{first String, last String}，那么第 1 个元素可以通过 address.first 来访问

3.1.3 数据类型转换

Hive 的基本数据类型可以根据需要进行类型转换，例如，Tinyint 类型的数据与 Int 类型的数据相加，则会将 Tinyint 类型的数据隐式地转化成 Int 类型的数据，然后与 Int 类型的数据做加法，这类似于 Java 的自动类型转换。数据类型转换分为隐式数据类型转换和强制数据类型转换。

1. 隐式数据类型转换

① 任何整数类型都可以隐式地转换为一个范围更广的数据类型，如 Tinyint 类型可以转换成 Int 类型，Int 类型可以转换成 Bigint 类型。

② 所有整数类型及 Float 类型和 String 类型都可以隐式地转换成 Double 类型。

③ Tinyint 类型、Smallint 类型和 Int 类型都可以隐式地转换为 Float 类型。

④ Boolean 类型不可以转换为任何其他类型。

⑤ TimsStamp 类型和 Data 类型可以隐式地转换成文本类型。

2．强制数据类型转换

有些情况需要数据类型的强制转换。数据类型强制转换的语法格式为：

CAST(expr AS <type>)

例如，cast('10' as int)将把字符串'10' 转换成整数 10。

Hive 可以在 TimeStamp 类型与 Date 类型和字符串类型之间进行强制转换。例如：

cast(date as timestamp)

cast(timestamp as date)

cast(string as date)

cast(date as string)

如果数据类型强制转换失败，如执行 cast('X' as int)，表达式返回空值 Null。

3.2　Hive 运算符

Hive 有 4 种类型的运算符：算术运算符、比较运算符、逻辑运算符和复杂运算符。这些运算符实际上是由 Hive 的内置函数实现的。运算符和操作数构成表达式，总能运算得到特定的结果。操作数可以是表的列名，即字段名。

3.2.1　算术运算符

算术运算符支持操作数的各种常见的算术运算，返回数值类型。表 3-3 描述了 Hive 常用的算术运算符。A、B 是表的列名，即字段名，均为数值类型。

表 3-3　常用的算术运算符

算术运算符表达式	描述
A+B	A 和 B 相加
A-B	A 减去 B
A*B	A 和 B 相乘
A/B	A 除以 B
A%B	A 对 B 取余

3.2.2　比较运算符

比较运算符也叫关系运算符，用来比较两个操作数。比较运算符表达式的返回值为 True、False 或 Null。表 3-4 描述了 Hive 常用的比较运算符。

表 3-4　常用的比较运算符

比较运算符表达式	支持的数据类型	描述
A=B	基本数据类型	若 A 等于 B，则返回 True，否则返回 False
A<=>B	基本数据类型	若 A 和 B 都为 Null，则返回 True；若任一为 Null，则返回 Null；其他情况同等号（=）

续表

比较运算符表达式	支持的数据类型	描述
A<>B, A!=B	基本数据类型	若 A 不等于 B，则返回 True，否则返回 False；A 或 B 为 Null，则返回 Null
A<B	基本数据类型	若 A 小于 B，则返回 True，否则返回 False；若 A 或 B 为 Null，则返回 Null
A<=B	基本数据类型	若 A 小于或等于 B，则返回 True，否则返回 False；若 A 或 B 为 Null，则返回 Null
A>B	基本数据类型	若 A 大于 B，则返回 True，否则返回 False；若 A 或 B 为 Null，则返回 Null
A>=B	基本数据类型	若 A 大于或等于 B，则返回 True，否则返回 False；若 A 或 B 为 Null，则返回 Null
A [Not] Between B And C	基本数据类型	若 A 大于或等于 B 且小于或等于 C，则结果为 True，否则为 False。若使用 Not 关键字，则相反。若 A、B 或 C 任一为 Null，则结果为 Null
A Is Null	所有数据类型	若 A 等于 Null，则返回 True，否则返回 False
A Is Not Null	所有数据类型	若 A 不等于 Null，则返回 True，否则返回 False
In(数值 1, 数值 2)	所有数据类型	使用 In 运算显示列表中的值
A [Not] Like B	String 类型	B 是一个选择条件，可以包含字符或数字："%"代表零个或多个字符(任意个字符)，"_"代表一个字符。若 A 与其匹配，则返回 True；否则返回 False。若使用 Not 关键字，则相反
A Rlike B	String 类型	B 是一个正则表达式，若 A 与其匹配，则返回 True；否则返回 False

3.2.3 逻辑运算符

逻辑运算符与字段构成逻辑表达式，并返回 True 或 False。逻辑运算符见表 3-5。

表 3-5 逻辑运算符

逻辑运算符表达式	含义
A And B	逻辑并
A Or B	逻辑或
A Not B	逻辑否

3.2.4 复杂运算符

复杂运算符提供一个表达式来引用复杂类型的元素。复杂运算符见表 3-6。

表 3-6 复杂运算符

复杂运算符表达式	支持的数据类型	描述
A[n]	A 是一个数组，n 是一个整数	返回数组 A 的第 n 个元素，第一个元素的索引为 0
M[key]	M 是一个 Map<K, V>，key 为基本数据类型	返回 M 对应于映射中关键字的 V 值
S.x	S 是一个结构体	返回 S 的 x 字段

3.3　Hive数据存储

Hive建表后，表的元数据存储在关系型数据库（如MySQL）中，表的数据内容以文件的形式存储在Hadoop集群的HDFS中。

Hive数据是基于HDFS的，在Hive数据仓库中，表中的数据没有专门的数据存储格式，用户可以非常自由地组织Hive中的表数据，可以用一个文本文件来存储表中的数据，也可以用一个CSV文件存储表中的数据。创建一个表时，可以指明列与列的分隔符。默认情况下，Hive中表采用制表符（\t）作为列与列的分隔符。在创建表时，也需要声明Hive数据中行的分隔符。

Hive数据存储结构包括表（Table）、外部表（External）、分区表（Partition）、桶表（Bucket）、视图（View）等。

Hive中的表和数据库中的Table在概念上是类似的，每个表在Hive中都有一个相应的目录存储数据。例如，一个表test在HDFS中的路径为/user/hive/warehouse/test，该路径是在配置文件hive-site.xml中由${hive.metastore.warehouse.dir}指定的数据仓库的目录，所有的表数据（不包括外部表）都保存在这个目录中。

分区表对应于数据库中的Partition列的密集索引，但是Hive中分区表的组织方式和数据库中的很不相同。在Hive中，表中的一个分区表对应于表下的一个目录，所有的分区表的数据都存储在对应的目录中。例如，test表中包含date这个分区表，则对应date = 20200801的HDFS子目录为/user/hive/warehouse/test/date=20200801，对应date=20200802的HDFS子目录为/user/hive/warehouse/test/date=20200802。

桶表对指定列计算Hash（哈希）值，根据Hash值切分数据，目的是为了并行计算，每个桶表对应一个切分数据后的文件。如果将id列切分成8个桶表，首先对id列的值计算Hash值，对应Hash值为0的HDFS目录为/user/hive/warehouse/test/date=20200801/part-00000，对应Hash值为6的HDFS目录为/user/hive/warehouse/test/date=20200801/part-00006。

外部表指向已经在HDFS中存在的数据，可以创建分区表。它和表在元数据的组织上是相同的，而实际数据的存储则有较大的差异。外部表创建表和加载数据同时完成，加载的数据并不会移动到数据仓库的目录中，只是与加载数据建立一个链接。当删除外部表时，仅删除该链接。

视图建立在已有表的基础上，是一种虚表，是一个逻辑概念。视图可以简化复杂的查询。

3.4　Hive表存储格式

Hive在创建表时需要指明该表的存储格式，Hive支持的表存储格式主要有TextFile、SequenceFile、ORC、Parquet，其中TextFile为默认格式。

3.4.1 行式存储和列式存储

如图 3-1（a）所示为逻辑表，图 3-1（b）为行式存储，图 3-1（c）为列式存储。

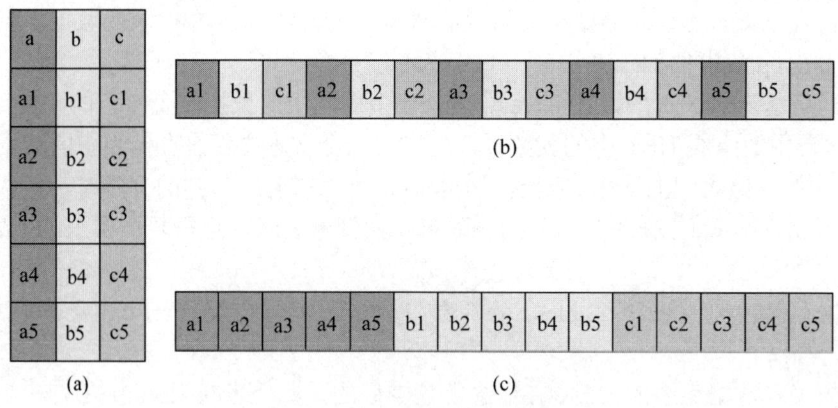

图 3-1 行式存储和列式存储

1．行式存储的特点

查询满足条件的一整行数据时，行式存储只需要找到其中一个值，其余的值都在相邻地方。列式存储则需要去每个聚集的字段找到对应的每个字段的值，所以行式存储查询的速度快。

2．列式存储的特点

列式存储中，每个字段的数据聚集存储，在查询只需要少数几个字段时，能大大减少读取的数据量；每个字段的数据类型一定是相同的，列式存储可以有针对性地设计更好的压缩算法。

TextFile 和 SequenceFile 的存储格式是基于行式存储的；ORC 和 Parquet 的存储格式是基于列式存储的。

3.4.2 TextFile 格式

TextFile 格式是 Hive 在创建表时默认的存储格式，不压缩数据，磁盘开销大，数据解析开销也较大。可结合 Gzip、Bzip2 压缩使用，但使用 Gzip 压缩方式，Hive 不会对数据进行分割，所以无法对数据进行并行计算。

3.4.3 SequenceFile 格式

SequenceFile 格式是 Hadoop 用来存储二进制数形式的<key,value>键值对而设计的一种文件格式。在存储结构上，SequenceFile 主要由一个头部（Header）后面跟多条记录（Record）组成。Header 主要包含存储压缩算法、用户自定义元数据等信息。此外，还包含一些同步标识，用于快速定位到记录的边界。每条记录以键值对的方式进行存储，用来表示它的字符数组可以一次解析为记录的长度、key 的长度、key 值和 value 值，并且 value 值的结构取决于该记录是否被压缩。SequenceFile 格式支持数据压缩，有以下 3 种类型的压缩。

1．无压缩类型（None）

如果没有启用压缩（默认设置），那么每个记录就由它的记录长度（字节数）、key 的长度、key 值和 value 值组成。

2．记录压缩类型（Record）

记录压缩类型与无压缩类型基本相同，不同的是，值字节是用定义在头部的编码器来压缩的。

3．块压缩类型（Block）

块压缩类型一次压缩多个记录，因此它比记录压缩类型更紧凑，所以一般优先选择该类型。

3.4.4　ORC格式

ORC（Optimized Row Columnar）格式是Hive 0.11版本引入的表存储格式。

每个ORC文件由一个或多个Stripe组成，每个Stripe大小为250MB。每个Stripe由3部分组成，分别是Index Data、Row Data和Stripe Footer。

1．Index Data

默认为每隔1万行做一个索引。该索引只记录某行的各字段在Row Data中的偏移量（Offset）。

2．Row Data

其存储的是具体的数据，先取部分行，然后对这些行按列进行存储。对每个列进行编码，分成多个Stream来存储。

3．Stripe Footer

其存储的是各个Stream的类型、长度等信息。

每个ORC文件还有一个File Footer，这里面存储的是每个Stripe的行数、每列的数据类型信息等。每个ORC文件的尾部是一个PostScript，这里记录了整个文件的压缩类型及File Footer的长度信息等。在读取文件时，会Seek（寻找）到文件尾部读取PostScript，从里面解析得到File Footer长度，再读File Footer，从里面解析得到各个Stripe信息，再读各个Stripe，即从后往前读。

3.4.5　Parquet格式

Parquet格式文件是以二进制数形式存储的，所以是不可以直接读取的，文件中包含该文件的数据和元数据，因此Parquet格式文件是自解析的。

通常情况下，在存储Parquet数据时会按照Block（块）的大小设置行组的大小。一般情况下，由于每个Map任务处理数据的最小单位是一个Block，这样可以把每个行组由一个Map任务处理，增加了任务执行并行度。

一个Parquet格式文件可以存储多个行组，文件的首位都是该文件的Magic Code，用于校验是否是一个Parquet文件，Footer Length记录了文件元数据的大小，通过该值和文件长度可以计算出元数据的偏移量，文件的元数据中包括每个行组的元数据信息和该文件存储数据的Schema信息。除了文件中每个行组的元数据，每页的开始都会存储该页的元数据。在Parquet文件中，有3种类型的页：数据页、字典页和索引页。数据页用于存储当前行组中该列的值；字典页用于存储该列值的编码字典，每个列块中最多包含一个字典页；索引页用于存储当前行组下该列的索引。

3.5 Hive 常用交互命令

Hive 的 CLI 命令行模式是最常用的模式。启动 Hive 命令行模式有以下两种方式。在 Linux 终端直接输入：

```
hadoop@SYNU:/usr/local/hive$ bin/hive
```

或

```
hadoop@SYNU:/usr/local/hive$ bin/hive --service cli
```

Hive 的 CLI 提供了执行 HQL 语句、设置参数等功能。在命令行模式下执行如下命令可以查看 CLI 的参数选项。这些是 Hive 常用的交互命令，其参数选项具体如下。

```
hadoop@SYNU:/usr/local/hive$ bin/hive -help

usage: hive
 -d,--define <key=value>  Variable subsitution to apply to hive
                          commands. e.g. -d A=B or --define A=B
   --database <databasename>    Specify the database to use
 -e <quoted-query-string>       SQL from command line
 -f <filename>                SQL from files
 -H,--help                   Print help information
   --hiveconf <property=value> Use value for given property
   --hivevar <key=value> Variable subsitution to apply to hive
                              commands. e.g. --hivevar A=B
 -i <filename>                Initialization SQL file
 -S,--silent                  Silent mode in interactive shell
 -v,--verbose   Verbose mode (echo executed SQL to the console)
```

Hive 常用的交互命令及其参数选项见表 3-7。

表 3-7　Hive 常用的交互命令及其参数选项

参数选项	说明	举例
-d,--define <key=value>	用于命令的变量转换	$ bin/hive -d A=B 或者--define A=B
--database <databasename>	指定所使用的数据仓库	$ bin/hive --database hivedwh
-e <quoted-query-string>	执行命令行指定的 SQL 语句	$ bin/hive -e "select * from test;"
-f <filename>	执行脚本文件中的 SQL 语句或命令	$ bin/hive -f /hivef.sql $ bin/hive -f /hivef.sql > /hive_result.txt
-H,--help	输出打印帮助信息	$ bin/hive -help
-i <filename>	初始化 SQL 文件	$ bin/hive -i /hivef.sql
-S,--silent	执行查询，不显示 MapReduce 进度	$ bin/hive -S -e "select * from test;"

其中 hivef.sql 文件中包含 SQL 语句：select *from test;。

表 3-7 中，$ bin/hive -f /hivef.sql > /hive_result.txt 语句将执行 hivef.sql 文件中的查询语句，并将查询结果输出到 hive_result.txt 文件中。

3.6　Hive 其他操作命令

Hive 中的数据保存在 HDFS 中，所以可以在 Hive 命令行中直接执行 HDFS 的操作命令来查看 Hadoop 文件系统上的信息。在 Hive 中也可以执行 Linux 操作系统的命令。

（1）在 Hive CLI 命令窗口中查看 HDFS

```
hive(default)>dfs -ls /user/hive/warehouse;
```

（2）在 Hive CLI 命令窗口中查看 HDFS 内容数据

```
hive(default)>dfs -cat /user/hive/warehouse/test/test.txt;
```

（3）在 Hive CLI 命令窗口中查看本地文件系统

```
hive(default)>! ls /opt/datas;
```

（4）查看在 Hive 中输入的所有历史命令

① 进入当前用户的根目录/root 或/home/hadoop。

② 查看. hivehistory 文件：

```
[hadoop@SYNU ~]$ cat .hivehistory
```

（5）执行 SQL 脚本文件

```
hive(default)>source SQL脚本文件;
```

（6）清屏

```
hive(default)>ctrl+L或者!clear;
```

（7）退出 Hive 的两种方法

```
hive(default)>exit;
hive(default)>quit;
```

习　题　3

一、选择题

1．数据 1,zhangsan,[90,79.88]中的第三列，应用哪种数据类型存储？（　　）

A．Map　　B．Array　　C．Int　　D．Struct

2．下面哪种数据类型是不被 Hive 查询语言所支持的？（　　）

A．Map　　B．String　　C．Time　　D．Array

3．命令 hadoop fs -du -h /user/hive/warehouse 的作用是（　　）。

A．查看 Hive 中各个数据仓库存储使用情况

B．显示/user/hive/warehouse 中文件列表

C．查看 Hive 中/user/hive/warehouse 下文件个数

D．显示/user/hive/warehouse 中文件容量大小

4．当 Hive 脚本执行时，报错信息中包含如下内容：FAILED: ClassCastException org.apache.hadoop.hive.serde2.typeinfo.PrimitiveTypeInfo cannot be cast to org.apache.hadoop.hive.serde2.typeinfo.DecimalTypeInfo，则此脚本最可能存在的问题是（　　）。

A．网络问题　　B．Group By 中字段重复

C．字符串和数值类型转换错误　　D．Hive 安装及配置问题

5．Hive 建表时，数值列的字段类型选取 Decimal(x,y)，其与 Float、Double 的区别，下列说法正确的是（　　）。

A．Decimal(x,y)是整数，Float、Double 是小数

B．Float、Double 在进行 Sum 等聚合运算时，会出现 Java 精度问题

C．Decimal(x,y)是数值截取函数，Float、Double 是数据类型

D．没有 Decimal(x,y)数据类型

6．Hive 在创建表时需要指明该表的存储格式，Hive 不支持的表存储格式是（　　）。

A．SequenceFile　　B．Bzip2　　C．TextFile　　D．Parquet

7．在 Hive CLI 命令窗口中查看 HDFS 的命令是（　　）。

A．!ls /datas;　　B．dfs -ls /;　　C．Ctrl+L　　D．cat.hivehistory

8．在 Hive 命令行模式下，哪个命令描述是错误的？（　　）

A．输入 Ctrl +L;，可以清除屏幕内容

B．输入 hadoop fs -ls /，可以查看 HDFS 根目录内容

C．输入 dfs -cat /test/test.txt;，可以查看根目录下 test 目录下 test.txt 文件内容

D．输入 quit;，退出 Hive 命令行模式

二、多选题

1、在 Hive 命令行模式下，哪个命令描述是正确的？（　　）

A．输入!clear;，可以清除屏幕内容

B．输入 dfs -ls /;，可以查看 HDFS 根目录内容

C．输入 dfs -rm /test;，可以删除根目录下 test 文件

D．输入 show functions;可以查看内置的函数

2．如何启动 Hive 命令行模式？（　　）

A．$Hive_HOME/bin/hive　　B．配置 Hive 环境变量，直接使用 Hive 启动

C．hive --service cli　　D．hive service cli

3．在 Hive 中，都有哪些类型的表？（　　）

A．内部表　　B．外部表　　C．分区表　　D．桶表

4．以下哪些关键字可以通过 Shell 连接 Hive 客户端进行数据操作？（　　）

A．hive -e "HQL"　　B．hive beeline -e "HQL"

C．hive　　D．hive -f "HQL"

5．Hive 中时间类型有哪些？（　　）

A．Time　　B．Date　　C．Datetime　　D．TimeStamp

三、判断题

1．Hive 数据类型中，TimeStamp 类型是与时区无关的类型。（　　）

A．正确　　B．错误

2．Hive 数据类型中，date 类型是与时区无关的类型。（　　）

A．正确　　B．错误

3．TextFile 格式是基于行式存储的，Parquet 格式是基于列式存储的。（　　）

A．正确　　B．错误

4．ORC 和 SequenceFile 格式都是基于行式存储的。（　　）

A．正确　　　　B．错误

5．Hive 没有专门的数据存储格式，用户可以自由地组织 Hive 中的表数据，只需要在创建表时声明 Hive 数据中的列分隔符和行分隔符，Hive 就可以解析数据。（　　）

A．正确　　　　B．错误

6．在 Hive CLI 命令窗口中无法查看本地文件系统。（　　）

A．正确　　　　B．错误

四、简答题

1．简述 Hive 的复杂数据类型及调用的方法。

2．Hive 的基本数据类型分为哪几类？

3．简述 Hive 的时间戳数据类型。

4．Hive 的数据类型转换是如何实现的？

5．Hive 的运算符分为哪几类？

6．简述 Hive 数据存储结构。

7．简述行式存储和列式存储的特点。

8．简述 Hive 的表存储格式 SequenceFile。

9．简述 Hive 的表存储格式 ORC。

10．简述 Hive 的表存储格式 Parquet。

第 4 章　Hive 数据定义

Hive 定义了一套自己的 SQL，简称 HQL，它与关系型数据库的 SQL 略有不同，但支持 SQL 绝大多数的语句，如 DDL 操作（数据定义语言），包括 Create、Alter、Drop、Show 等。

- Create Database：创建新数据仓库。
- Alter Database：修改数据仓库。
- Drop Database：删除数据仓库。
- Create Table：创建新表。
- Alter Table：修改表。
- Drop Table：删除表。
- Create View：创建视图。
- Drop View：删除视图。
- Show Table：查看表。

本章主要介绍 Hive 数据仓库的增、删、改、查和表的增、删、改、查操作，是 Hive 数据仓库的重点内容之一。

4.1　数据仓库的创建

创建数据仓库的语法格式如下：

CREATE　DATABASE　[IF NOT EXISTS]　<database name> LOCATION <dir>;

IF NOT EXISTS 是一个可选子句，通知用户如果该数据仓库不存在，则创建；否则报错，有错误信息提示。

所创建的数据仓库在 HDFS 中默认的存储路径是/user/hive/warehouse/，也可以通过关键字 LOCATION 指定数据仓库在 HDFS 中存放的位置。

创建一个名为 hivedwh 的数据仓库，并存放在默认位置：

```
hive(default)>create database hivedwh;
```

创建 hivedwh 数据仓库后，可以使用浏览器直观地浏览 Hadoop 集群的 HDFS。注意：IP 为本地 Linux 系统的 IP，端口号为 50070。

在浏览器中可以看到，所创建的数据仓库 hivedwh 实际上对应 HDFS 中的一个目录，并且自动加上了扩展名.db。详细信息见图 4-1。

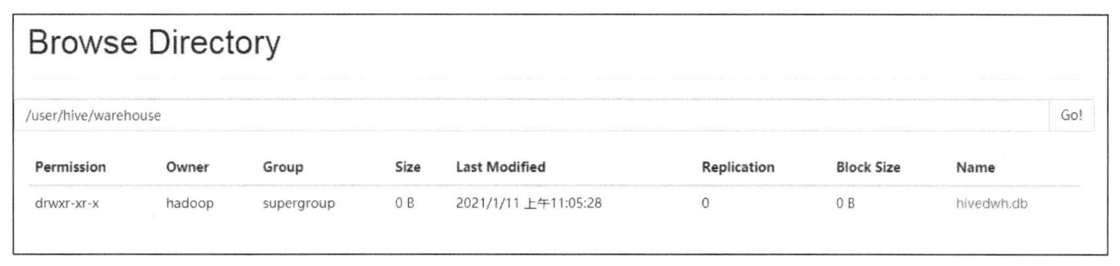

图 4-1　数据仓库存放位置

创建一个数据仓库，并存放在 HDFS 的根目录下：

```
hive(default)>create database if not exists hivedwh2
location '/hivedwh2.db';
```

4.2　数据仓库的查询

对数据仓库的查询包括查询数据仓库的个数和查看数据仓库的详情等。查看数据仓库的详细信息要使用关键字 EXTENDED。

4.2.1　显示数据仓库

（1）显示数据仓库个数

```
hive(default)>show databases;
```

（2）过滤显示查询的数据仓库

```
hive(default)>show databases like 'hive*';
```

4.2.2　查看数据仓库详情

显示数据仓库详细信息，使用命令：

```
hive(default)> desc database extended hivedwh;

OK
hivedwh    hdfs://localhost:9000/user/hive/warehouse/hivedwh.db hadoop USER
```

4.2.3　切换数据仓库

```
hive(default)>use hivedwh;
```

4.3　数据仓库的修改

用户可以使用 Alter 命令修改数据仓库的 Dbproperties 键值对的属性值，来描述这个数据仓库的属性信息。数据仓库的其他元数据信息都是不可更改的，包括数据仓库名和数据仓库所在存储位置。

```
hive(hivedwh)>alter database hivedwh set
dbproperties('createtime'='20210112');
```

在 Hive 中查看修改结果：

```
hive(hivedwh)>desc database extended hivedwh;

OK
hivedwh   hdfs://localhost:9000/user/hive/warehouse/hivedwh.db hadoop USER
{createtime=20210112}
```

4.4 数据仓库的删除

Drop Database 是删除数据仓库中所有表并删除数据仓库的语句。删除数据仓库的语法如下：

DROP DATABASE [IF EXISTS] database_name [CASCADE];

如果不知道删除的数据仓库是否存在，则使用 IF EXISTS 判断数据仓库是否存在。如果数据仓库不为空，其中已经有表存在，可以采用 CASCADE 关键字强制删除。

（1）删除空数据仓库

```
hive(hivedwh)>drop database hivedwh2;
```

（2）使用 IF EXISTS 判断数据仓库是否存在

```
hive(hivedwh)>drop database if exists hivedwh3;
```

（3）使用 CASCADE 关键字强制删除数据仓库

```
hive(hivedwh)>drop database hivedwh3;

FAILED: Execution Error, return code 1 from
org.apache.hadoop.hive.ql.exec.DDLTask.
InvalidOperationException(message:Database hivedwh3 is not empty. One or more
tables exist.)

hive(hivedwh)>drop database hivedwh3 cascade;
```

4.5 表 的 创 建

在 Hive 中，表都在 HDFS 的相应目录中存储数据。目录的名称是在创建表时自动创建并以表名来命名的，表中的数据都保存在该目录中。而且，数据以文件的形式存储在 HDFS 中。表的元数据会存储在数据库中，如 Derby 数据库或 MySQL 数据库。

1．创建表的语法格式

CREATE [EXTERNAL] TABLE [IF NOT EXISTS] table_name
(col_name data_type [COMMENT col_comment], ...)
[COMMENT table_comment]
[PARTITIONED BY (col_name data_type [COMMENT col_comment], ...)]
[CLUSTERED BY (col_name, col_name, ...) INTO num_buckets BUCKETS]
[SORTED BY (col_name [ASC|DESC], ...)]
[ROW FORMAT DELIMITED row_format]
[STORED AS file_format]
[LOCATION hdfs_path];

2．关键字解释说明

① CREATE TABLE，创建一个名字为 table_name 的表。如果该表已经存在，则抛出异常；可以用 IF NOT EXISTS 关键字选项来忽略异常。

② 使用 EXTERNAL 关键字可以创建一个外部表，在建表的同时指定实际表数据的存储路径（LOCATION）。创建 Hive 内部表时，会将数据移动到数据仓库指定的路径；若创建 Hive 外部表，仅记录数据所在的路径，不对数据的位置做任何改变。在删除内部表时，内部表的元数据和数据会被一起删除；在删除外部表时，只删除外部表的元数据，但不删除数据。

③ (col_name data_type, ...)，创建表时要确定字段名及其数据类型，数据类型可以是基本数据类型，也可以是复杂数据类型。COMMENT 为表和字段添加注释描述信息。

④ PARTITIONED BY，创建分区表。

⑤ CLUSTERED BY，创建桶表。

⑥ SORTED BY，排序。

⑦ ROW FORMAT DELIMITED，用于指定表中数据行和列的分隔符及复杂数据类型数据的分隔符。这些分隔符必须与表数据中的分隔符完全一致。

- [Fields Terminated By Char]，用于指定字段分隔符。
- [Collection Items Terminated By Char]，用于指定复杂数据类型 Map、Struct 和 Array 的数据分隔符。
- [Map Keys Terminated By Char]，用于指定 Map 中的 key 与 value 的分隔符。
- [Lines Terminated By Char]，用于指定行分隔符。

⑧ STORED AS，指定表文件的存储格式，如 TextFile 格式、SequenceFile 格式、ORC 格式和 Parquet 格式等。如果文件数据是纯文本的，可以使用 TextFile 格式，这种格式是默认的表文件存储格式。如果数据需要压缩，可以使用 SequenceFile 格式等。

⑨ LOCATION，用于指定所创建表的数据在 HDFS 中的存储位置。

4.5.1　内部表

不带 EXTERNAL 关键字创建的表是管理表，有时也称为内部表。Hive 表是归属于某个数据仓库的，默认情况下 Hive 会将表存储在默认数据仓库中，也可以使用 Use 命令切换数据仓库，将所创建的表存储在切换后的数据仓库中。

删除内部表时，表的元数据和表数据文件同时被删除。

案例 4-1　内部表创建

1．需求

创建内部表 test，并将本地/opt/datas/test.txt 目录下的数据导入 Hive 的 test(id int, name string)表中。

2．数据准备

test 表中数据见表 4-1。

表 4-1　test 表中数据

id Int	name String
101	Bill
102	Dennis
103	Doug
104	Linus
105	James
106	Steve
107	Paul
108	Ford

在/opt/datas 目录下准备数据，创建 test.txt 文件并添加数据：

```
hadoop@SYNU:/opt/datas$ vim test.txt

101	Bill
102	Dennis
103	Doug
104	Linus
105	James
106	Steve
107	Paul
108	Ford
```

test.txt 文件中的数据以 Tab 键分隔。

3. Hive 实例操作

（1）启动 Hive

```
hadoop@SYNU:/usr/local/hive$ bin/hive
```

（2）显示数据仓库

```
hive(default)>show databases;
```

（3）切换到 hivedwh 数据仓库

```
hive(default)>use hivedwh;
```

（4）显示 hivedwh 数据仓库中的表

```
hive(hivedwh)>show tables;
```

（5）创建 test 表，并声明文件中数据的分隔符

```
hive(hivedwh)>create table test(id int, name string)
row format delimited fields terminated by '\t';
```

（6）加载/opt/datas/test.txt 文件到 test 表中

```
hive(hivedwh)>load data local inpath '/opt/datas/test.txt' into table test;
```

（7）Hive 查询结果

```
hive(hivedwh)>select id,name from test;

OK
id	name
```

```
101 Bill
102 Dennis
103 Doug
104 Linus
105 James
106 Steve
107 Paul
108 Ford
```

案例 4-2　复杂数据类型内部表创建

1. 需求

创建复杂数据类型内部表 complex，将本地/opt/datas/complex.txt 目录下的数据导入 Hive 的 complex 表中，并做简单查询。

2. 数据准备

创建本地数据文件 complex.txt：

```
hadoop@SYNU:/opt/datas$ vim complex.txt

Steve, Bill_Linus,Paul:18_Dennis:21,xidan_beijing
Jobs, Gates_Torvalds,Allen:25_Ritchie:30,zhongjie_shenyang
```

文件 complex.txt 中的数据是复杂数据类型的数据，分别是 Array、Map 和 Struct 类型。其数据结构由以下格式确定：

```
{
    "name": "Steve",
    "friends": ["Bill" , "Linus"],  //Array
    "children": {                   //Map
        "Paul": 18,
        "Dennis": 21
    }
    "address": {                    //Struct
        "street": "xidan",
        "city": "beijing"
    }
}
```

注意：Array、Map 和 Struct 类型中的元素间关系都用同一个字符表示，这里用“_”。

3. Hive 实例操作

（1）Hive 中创建表 complex

```
hive(hivedwh)>create table complex(
name string,
friends array<string>,
children map<string, int>,
address struct<street:string, city:string>)
row format delimited fields terminated by ','
```

```
    collection items terminated by '_'
    map keys terminated by ':';
```

（2）导入文本数据到表 complex

```
    hive(hivedwh)>load data local inpath '/opt/datas/complex.txt' into table
complex;
```

（3）访问 3 种复杂数据类型的数据

```
    hive(hivedwh)>select friends[1],children['Paul'],
    address.city from complex
    where name="Steve";

    OK
    _c0     _c1     city
    Linus   18      beijing
```

表 complex 存放位置详见图 4-2。

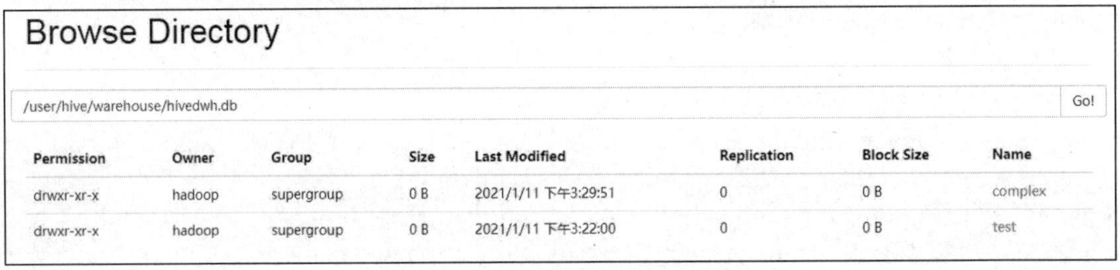

Browse Directory

/user/hive/warehouse/hivedwh.db Go!

Permission	Owner	Group	Size	Last Modified	Replication	Block Size	Name
drwxr-xr-x	hadoop	supergroup	0 B	2021/1/11 下午3:29:51	0	0 B	complex
drwxr-xr-x	hadoop	supergroup	0 B	2021/1/11 下午3:22:00	0	0 B	test

图 4-2 表 complex 存放位置

4.5.2 外部表

带 EXTERNAL 关键字创建的表是外部表。外部表和内部表在元数据的组织上是相同的。

外部表加载的数据文件存储在 LOCATION 指定的目录下，该表会读取到该目录下的全部文件（当然，文件格式必须与表定义的一致）。创建外部表时，如果没有使用 LOCATION 指定数据文件存储位置，Hive 将在 HDFS 中的/user/hive/warehouse 数据仓库所在目录以外部表的表名创建一个目录，并将属于这个表的数据存放在这里。

删除外部表并不会删除 LOCATION 指定目录下的表数据文件，只是删除了外部表的元数据信息。

内部表和外部表的使用场景不同。例如，对每天收集到的网站数据，需要做大量的统计数据分析，所以在数据源上可以使用外部表进行存储，以方便数据的共享。在做统计分析时用到的中间表、结果表可以使用内部表，因为这些数据不需要共享，所以使用内部表更为合适。

案例 4-3 外部表创建

1．需求

创建部门 dept 外部表，向外部表中导入数据，并做简单查询。

2. 数据准备

dept 表中原始数据见表 4-2。

表 4-2　dept 表中原始数据

deptno	dname	buildingsno
100	数学系	2100
200	物理系	2200
300	化学系	2300
400	新闻系	2400
500	软件系	2500

创建本地数据文件 dept.txt：

```
hadoop@SYNU:/opt/datas$ vim dept.txt
```

并将表 4-2 中数据导入其中。

3. Hive 实例操作

（1）创建外部表 dept

```
hive(hivedwh)>create external table if not exists dept(
deptno int,
dname string,
buildingsno int)
row format delimited fields terminated by '\t';
```

（2）查看创建的表

```
hive(hivedwh)>show tables;

OK
tab_name
complex
dept
test
```

（3）向外部表中导入数据

```
hive(hivedwh)>load data local inpath '/opt/datas/dept.txt' into table dept;
```

（4）设置汉字编码，否则汉字出现乱码

```
hive(hivedwh)>alter table dept set
 serdeproperties('serialization.encoding'='GBK');
```

（5）简单查询

```
hive(hivedwh)>select deptno,dname,buildingsno from dept;

OK
deptno dname  buildingsno
100    数学系   2100
200    物理系   2200
300    化学系   2300
400    新闻系   2400
500    软件系   2500
```

（6）查看表格式化数据

```
hive(hivedwh)>desc formatted dept;
Table Type:             EXTERNAL_TABLE
```

4.5.3 内部表和外部表的转换

内部表和外部表之间可以互相转换，由关键字 ALTER…SET 设置。具体语法格式为：

ALTER TABLE table_name SET TBLPROPERTIES('EXTERNAL'='TRUE|FALSE');

（1）在指定目录创建内部表

```
hive(hivedwh)>create table if not exists test2(
id int, name string)
row format delimited fields terminated by '\t'
stored as textfile
location '/user/hive/warehouse/test2';
```

（2）查询表的类型

```
hive(hivedwh)>desc formatted test2;
Table Type:             MANAGED_TABLE
```

（3）修改内部表 test2 为外部表

```
hive(hivedwh)>alter table test2 set
tblproperties('EXTERNAL'='TRUE');
```

（4）查询表的类型

```
hive(hivedwh)>desc formatted test2;
Table Type:             EXTERNAL_TABLE
```

（5）修改外部表 test2 为内部表

```
hive(hivedwh)>alter table test2 set
tblproperties('EXTERNAL'='FALSE');
```

（6）查询表的类型

```
hive(hivedwh)>desc formatted test2;
Table Type:             MANAGED_TABLE
```

注意：('EXTERNAL'='TRUE')和('EXTERNAL'='FALSE')为固定写法，应区分大小写！

4.6 分 区 表

Hive 中的分区就是分目录，把一个大的数据集根据业务需要分割成小的数据集。分区表实际上就是对应一个 HDFS 中的目录，该目录下是该分区所有的数据文件。

在 Hive 中，一个分区对应于表下的一个子目录，而所有的分区数据都存储在对应的子目录中。

Hive 中分区字段不是表中的一个实际的字段，而是一个或者多个伪字段。也就是说，在分区表的数据文件中实际并不保存分区字段的信息与数据。

创建分区表的操作在实际的生产环境中是非常有用的，可以提高查询速度，当数据量非常大时，建立分区表是非常有必要的。可以按照一定的规则去建立分区表。分区表的内容实际上在关系型数据库中也有，如 MySQL 有分区表的概念，但 Hive 的分区表相对简单。

4.6.1　分区表基本操作

1．创建分区表 dept_p

```
hive(hivedwh)> create table dept_p(
deptno int, dname string, buildingsno int)
partitioned by (month string)
row format delimited fields terminated by '\t';
```

2．加载数据到分区表中

```
hive(hivedwh)>load data local inpath '/opt/datas/dept.txt' into table dept_p
partition(month='202109');
hive(hivedwh)>load data local inpath '/opt/datas/dept.txt' into table dept_p
partition(month='202108');
hive(hivedwh)>load data local inpath '/opt/datas/dept.txt' into table dept_p
partition(month='202107');
hive(hivedwh)>load data local inpath '/opt/datas/dept.txt' into table dept_p
partition(month='202106');
```

按照分区字段 month='202109'加载数据文件后浏览 HDFS 目录结构，如图 4-3 所示。

Browse Directory

/user/hive/warehouse/hivedwh.db/dept_p/month=202109　Go!

Permission	Owner	Group	Size	Last Modified	Replication	Block Size	Name
-rwxr-xr-x	hadoop	supergroup	83 B	2021/1/12 上午11:30:12	1	128 MB	dept.txt

图 4-3　加载数据到分区表

按照分区字段 month 加载全部 4 个数据文件后浏览 HDFS 目录结构，如图 4-4 所示。

Browse Directory

/user/hive/warehouse/hivedwh.db/dept_p　Go!

Permission	Owner	Group	Size	Last Modified	Replication	Block Size	Name
drwxr-xr-x	hadoop	supergroup	0 B	2021/1/12 上午11:32:18	0	0 B	month=202106
drwxr-xr-x	hadoop	supergroup	0 B	2021/1/12 上午11:31:20	0	0 B	month=202107
drwxr-xr-x	hadoop	supergroup	0 B	2021/1/12 上午11:30:39	0	0 B	month=202108
drwxr-xr-x	hadoop	supergroup	0 B	2021/1/12 上午11:30:12	0	0 B	month=202109

图 4-4　加载数据后的分区表

3．查询分区表中的数据

（1）单分区查询

```
hive(hivedwh)> select deptno,dname,buildingsno from dept_p
where month='202109';
```

```
OK
deptno dname  buildingsno
100     数学系  2100
200     物理系  2200
300     化学系  2300
400     新闻系  2400
500     软件系  2500

hive(hivedwh)>select * from dept_p where month='202109';

OK
dept_p.deptno dept_p.dname  dept_p.buildingsno  dept_p.month
100           数学系          2100                202109
200           物理系          2200                202109
300           化学系          2300                202109
400           新闻系          2400                202109
500           软件系          2500                202109
```

（2）多分区联合查询，启动 MapReduce 的一个作业

```
hive(hivedwh)>select * from dept_p where month='202109'
union
select * from dept_p where month='202108'
union
select * from dept_p where month='202107'
union
select * from dept_p where month='202106';

OK
u4.deptno u4.dname  u4.buildingsno u4.month
100 数学系  2100       202106
100 数学系  2100       202107
100 数学系  2100       202108
100 数学系  2100       202109
200 物理系  2200       202106
200 物理系  2200       202107
200 物理系  2200       202108
200 物理系  2200       202109
300 化学系  2300       202106
300 化学系  2300       202107
300 化学系  2300       202108
300 化学系  2300       202109
400 新闻系  2400       202106
400 新闻系  2400       202107
400 新闻系  2400       202108
400 新闻系  2400       202109
500 软件系  2500       202106
500 软件系  2500       202107
```

```
500 软件系  2500        202108
500 软件系  2500        202109
```

4.6.2 二级分区表创建

二级分区表有两个分区字段。

1. 创建二级分区表

```
hive(hivedwh)>create table dept_p2(
deptno int, dname string, buildingsno int)
partitioned by (month string, day string)
row format delimited fields terminated by '\t';
```

2. 正常加载数据

（1）加载数据到二级分区表中

```
hive(hivedwh)>load data local inpath '/opt/datas/dept.txt' into table dept_p2
partition(month='202109', day='18');
```

按照二级分区字段加载数据文件后浏览 HDFS 目录结构，如图 4-5 所示。

Browse Directory

/user/hive/warehouse/hivedwh.db/dept_p2/month=202109/day=18 Go!

Permission	Owner	Group	Size	Last Modified	Replication	Block Size	Name
-rwxr-xr-x	hadoop	supergroup	83 B	2021/1/12 上午11:53:00	1	128 MB	dept.txt

图 4-5 加载数据到二级分区表

（2）查询分区数据

```
hive(hivedwh)>select * from dept_p2
where month='202109' and day='18';

OK
dept_p2.deptno    dept_p2.dname     dept_p2.buildingsno
  dept_p2.month dept_p2.day
100  数学系  2100      202109  18
200  物理系  2200      202109  18
300  化学系  2300      202109  18
400  新闻系  2400      202109  18
500  软件系  2500      202109  18
```

3. 把数据直接上传到分区目录中，让分区表和数据产生关联的 3 种方式

（1）上传数据后修复

① 上传数据：

```
hive(hivedwh)>dfs -mkdir -p
/user/hive/warehouse/hivedwh.db/dept_p2/month=202109/day=12;

hive(hivedwh)>dfs -put /opt/datas/dept.txt
/user/hive/warehouse/hivedwh.db/dept_p2/month=202109/day=12;
```

② 查询数据（查询不到刚上传的数据）：

```
hive(hivedwh)>select * from dept_p2
where month='202109' and day='12';
```

③ 执行修复命令：

```
hive(hivedwh)>msck repair table dept_p2;
```

④ 再次查询数据：

```
hive(hivedwh)>select * from dept_p2
where month='202109' and day='12';
```

（2）上传数据后添加分区

① 上传数据：

```
hive(hivedwh)>dfs -mkdir -p
/user/hive/warehouse/hivedwh.db/dept_p2/month=202109/day=11;

hive(hivedwh)>dfs -put /opt/datas/dept.txt
/user/hive/warehouse/hivedwh.db/dept_p2/month=202109/day=11;
```

② 执行添加分区字段：

```
hive(hivedwh)>alter table dept_p2
add partition(month='202109',day='11');
```

③ 查询数据：

```
hive(hivedwh)>select * from dept_p2
where month='202109' and day='11';
```

（3）创建目录后加载数据到分区表

① 创建目录：

```
hive(hivedwh)>dfs -mkdir -p
/user/hive/warehouse/hivedwh.db/dept_p2/month=202109/day=10;
```

② 上传数据：

```
    hive(hivedwh)>load data local inpath '/opt/datas/dept.txt' into table dept_p2
partition(month='202109',day='10');
```

③ 查询数据：

```
hive(hivedwh)>select * from dept_p2
where month='202109' and day='10';
```

4.7 桶　　表

分区提供了一种隔离数据和优化查询的便利方式。不过，并非所有的数据都可形成合理的分区。

桶表是将数据分解成更容易管理的若干部分。桶表是通过对指定字段进行 Hash 计算来实现的，通过 Hash 值将一个字段名下的数据切分为若干部分，并使每个部分对应于该字段名下的一个存储文件。

桶表针对的是数据文件，分区表针对的是数据的存储路径。

分桶字段是表中的字段。Hive 将表组织成桶表有以下目的：

① 抽样更高效。当处理大规模的数据集时，在开发、测试阶段将所有的数据全部处理一遍可能不太现实，如果能在数据集的一小部分数据上试运行查询，会带来很多方便。

② 更好的查询效率。桶表为表提供了额外的结构，Hive 在处理某些查询时利用这个结构，能够有效地提高查询效率。

在建立桶表之前，需要设置 hive.enforce.bucketing 属性为 True，使得 Hive 能识别到桶表。

案例 4-4 桶表创建

1．需求

创建桶表，通过查询语句的方式导入数据。

2．数据准备

数据已经存放在本地目录/opt/datas/test.txt 中。

3．Hive 实例操作

（1）创建桶表

```
hive(hivedwh)>create table test_b(id int, name string)
clustered by(id)
into 4 buckets
row format delimited fields terminated by '\t';
```

（2）桶表属性设置

```
hive(hivedwh)>set hive.enforce.bucketing=true;

hive(hivedwh)>set mapreduce.job.reduces=-1;
```

（3）导入数据到桶表中

```
hive(hivedwh)>insert into table test_b select id, name from test;
```

（4）查看创建的桶表，其分成了 4 个桶

桶表创建和数据导入后的详细情况见图 4-6。

Browse Directory

/user/hive/warehouse/hivedwh.db/test_b　Go!

Permission	Owner	Group	Size	Last Modified	Replication	Block Size	Name
-rwxr-xr-x	hadoop	supergroup	19 B	2021/1/12 下午1:40:45	1	128 MB	000000_0
-rwxr-xr-x	hadoop	supergroup	19 B	2021/1/12 下午1:40:45	1	128 MB	000001_0
-rwxr-xr-x	hadoop	supergroup	21 B	2021/1/12 下午1:40:45	1	128 MB	000002_0
-rwxr-xr-x	hadoop	supergroup	18 B	2021/1/12 下午1:40:45	1	128 MB	000003_0

图 4-6　桶表创建和数据导入后的详细情况

（5）查询桶表的数据

```
hive(hivedwh)>select id, name from test_b;

OK
id  name
```

```
108  Ford
104  Linus
105  James
101  Bill
106  Steve
102  Dennis
107  Paul
103  Doug
```

（6）查询桶 1 的数据

```
hive(hivedwh)>dfs -cat /user/hive/warehouse/hivedwh.db/test_b/000000_0;

108  Ford
104  Linus
```

（7）查询桶 2 的数据

```
hive(hivedwh)>dfs -cat /user/hive/warehouse/hivedwh.db/test_b/000001_0;

105  James
101  Bill
```

4.8 表的修改

Hive 表是可以修改的，如修改表名、修改列名、增加列、删除或替换列等，但不提倡修改表。用户可以根据需要重新创建符合需要的表。

4.8.1 重命名

1．语法格式

ALTER TABLE table_name RENAME TO new_table_name;

2．Hive 实例操作

```
hive(hivedwh)>alter table dept_p2 rename to dept_p3;
```

4.8.2 增加和删除分区

1．增加分区

（1）增加单个分区

```
hive(hivedwh)>alter table dept_p add partition(month='202105');
```

（2）同时增加多个分区，多个分区之间使用空格

```
hive(hivedwh)>alter table dept_p add partition(month='202104')
partition(month='202103');
```

2．删除分区

（1）删除单个分区

```
hive(hivedwh)>alter table dept_p drop partition
(month='202103');
```

（2）同时删除多个分区，多个分区之间使用逗号

```
hive(hivedwh)>alter table dept_p drop partition(month='202104'),
partition(month='202105');
```

3．查看分区表有多少分区

```
hive(hivedwh)>show partitions dept_p;

OK
partition
month=202106
month=202107
month=202108
month=202109
```

4．查看分区表结构

```
hive(hivedwh)>desc formatted dept_p2;

OK
col_name  data_type comment
# col_name              data_type           comment

deptno                  int
dname                   string
buildingsno             int

# Partition Information
# col_name              data_type           comment

month                   string
day                     string
```

4.8.3　修改、增加和替换列

1．语法

修改列的语法格式：

ALTER TABLE table_name CHANGE [COLUMN] col_old_name col_new_name column_type [COMMENT col_comment] [FIRST|AFTER column_name]

增加和替换列的语法格式：

ALTER TABLE table_name ADD|REPLACE COLUMNS(col_name data_type [COMMENT col_comment], …)

关键字 ADD 表示新增一字段，字段位置在所有列后面（Partition 列前）；REPLACE 则表示替换表中所有字段。

2．Hive 实例操作

（1）查询表结构

```
hive(hivedwh)>desc dept_p2;

OK
```

```
col_name  data_type comment
deptno              string
dname               string
buildingsno         string
month               string
day                 string

# Partition Information
# col_name              data_type           comment

month               string
day                 string
```

（2）添加列

```
hive(hivedwh)>alter table dept_p2 add columns(deptdesc string);
```

（3）查询表结构

```
hive(hivedwh)>desc dept_p2;

OK
col_name  data_type comment
deptno              string
dname               string
buildingsno         string
deptdesc            string
month               string
day                 string

# Partition Information
# col_name              data_type           comment

month               string
day                 string
```

（4）修改列

```
hive(hivedwh)>alter table dept_p2 change column deptdesc desc string;
```

（5）查询表结构

```
hive(hivedwh)>desc dept_p2;

OK
col_name  data_type comment
deptno              string
dname               string
buildingsno         string
desc                string
month               string
day                 string

# Partition Information
```

```
# col_name              data_type               comment

month                 string
day                   string
```

（6）替换列

```
hive(hivedwh)>alter table dept_p2 replace columns(deptno string, dname string,
buildingsno string);
```

（7）查询表结构

```
hive(hivedwh)>desc dept_p2;

OK
col_name  data_type comment
deptno                string
dname                 string
buildingsno           string
month                 string
day                   string

# Partition Information
# col_name              data_type               comment

month                 string
day                   string
```

4.9　表 的 删 除

表的删除使用关键字 Drop。

当删除一个内部表时，Hive 也会删除这个表中的数据，所以内部表不适合和其他工具共享数据。删除外部表并不会删除表数据，只是描述表的元数据信息会被删除。

1. Hive 实例操作

删除表：

```
hive(hivedwh)>drop table dept_p2;
```

2. 删除表中数据（Truncate）

Truncate 仅删除表中数据，保留表的元数据信息。Truncate 只能删除内部表中的数据，不能删除外部表中的数据。外部表在删除后，HDFS 中的数据还存在，不会被删除。因此要删除外部表数据，可以把外部表转成内部表或者删除 HDFS 文件。Drop 和 Truncate 可执行的操作总结在表 4-3 中。

表 4-3　Drop 和 Truncate 可执行的操作

可执行的操作	内部表		外部表	
	表结构	表数据	表结构	表数据
Drop	√	√	√	×
Truncate	×	√	×	×

删除内部表中的数据：

```
hive(hivedwh)>truncate table test;
```

4.10 视　　图

视图在 Hive 中的用法和在 SQL 中的用法相同。视图是一种虚表，是一个逻辑概念，可以跨越多个表，操作视图和操作表是完全一样的。视图建立在已有表的基础上，视图并不存储数据。从视图中查询出来的数据，都来自视图所依赖的表，视图赖以建立的表称为基表。可以根据用户的需求创建视图，也可以将任何结果集数据保存为一个视图。可以在视图上执行所有 DML 操作。视图可以简化复杂的查询。

1. 创建视图

创建视图的语法格式如下：

CREATE VIEW[IF NOT EXISTS]view_name[(column_name[COMMENT column_comment],...)][COMMENT table_comment];

（1）创建视图

```
hive(hivedwh)>create view test_view as select * from test;
```

（2）Hive 查询结果

```
hive(hivedwh)>select * from test_view;

OK
101  Bill
102  Dennis
103  Doug
104  Linus
105  James
106  Steve
107  Paul
108  Ford
```

2. 删除视图

删除视图的语法格式如下：

DROP VIEW view_name;

例如，删除视图 test_view：

```
hive(hivedwh)>drop view test_view;
```

案例 4-5　元数据信息查询

1. 需求

已经创建了几个数据仓库和多个表，查询元数据信息。

2. 数据准备

基于已经创建的几个数据仓库和多个表。

3. Hive 实例操作

（1）启动 MySQL

```
hadoop@SYNU:/opt/software/mysql-libs$ mysql -uhive -phive
```

（2）查看有几个数据库

```
mysql>show databases;

+--------------------+
| Database           |
+--------------------+
| information_schema |
| metastore          |
| mysql              |
| performance_schema |
| spark              |
| sys                |
+--------------------+
```

（3）切换到 metastore 数据库

```
mysql>use metastore;
```

（4）显示 metastore 数据库中的所有表

```
mysql>show tables;

+---------------------------+
| Tables_in_hive            |
+---------------------------+
| AUX_TABLE                 |
| BUCKETING_COLS            |
| CDS                       |
| COLUMNS_V2                |
| COMPACTION_QUEUE          |
| COMPLETED_COMPACTIONS     |
| COMPLETED_TXN_COMPONENTS  |
| DATABASE_PARAMS           |
| DBS                       |
| DB_PRIVS                  |
| DELEGATION_TOKENS         |
| FUNCS                     |
| FUNC_RU                   |
| GLOBAL_PRIVS              |
| HIVE_LOCKS                |
| IDXS                      |
| INDEX_PARAMS              |
| KEY_CONSTRAINTS           |
| MASTER_KEYS               |
| NEXT_COMPACTION_QUEUE_ID  |
| NEXT_LOCK_ID              |
```

```
| NEXT_TXN_ID               |
| NOTIFICATION_LOG          |
| NOTIFICATION_SEQUENCE     |
| NUCLEUS_TABLES            |
| PARTITIONS                |
| PARTITION_EVENTS          |
| PARTITION_KEYS            |
| PARTITION_KEY_VALS        |
| PARTITION_PARAMS          |
| PART_COL_PRIVS            |
| PART_COL_STATS            |
| PART_PRIVS                |
| ROLES                     |
| ROLE_MAP                  |
| SDS                       |
| SD_PARAMS                 |
| SEQUENCE_TABLE            |
| SERDES                    |
| SERDE_PARAMS              |
| SKEWED_COL_NAMES          |
| SKEWED_COL_VALUE_LOC_MAP  |
| SKEWED_STRING_LIST        |
| SKEWED_STRING_LIST_VALUES |
| SKEWED_VALUES             |
| SORT_COLS                 |
| TABLE_PARAMS              |
| TAB_COL_STATS             |
| TBLS                      |
| TBL_COL_PRIVS             |
| TBL_PRIVS                 |
| TXNS                      |
| TXN_COMPONENTS            |
| TYPES                     |
| TYPE_FIELDS               |
| VERSION                   |
| WRITE_SET                 |
+---------------------------+
```

（5）查询 DBS 表

```
mysql>select DB_ID,DB_LOCATION_URI,NAME from DBS;

+-------+---------------------------------------------------+----------+
| DB_ID | DB_LOCATION_URI                                   | NAME     |
+-------+---------------------------------------------------+----------+
|     1 | hdfs://localhost:9000/user/hive/warehouse            | default  |
|     2 | hdfs://localhost:9000/user/hive/warehouse/hivedwh.db | hivedwh  |
|     3 | hdfs://localhost:9000/                             | hivedwh2 |
+-------+---------------------------------------------------+----------+
```

（6）查询 TBLS 表

```
mysql> select TBL_ID,CREATE_TIME,DB_ID,SD_ID,TBL_NAME,TBL_TYPE from TBLS;

+--------+-------------+-------+-------+----------+--------+
| TBL_ID | CREATE_TIME | DB_ID | SD_ID | TBL_NAME  | TBL_TYPE       |
+--------+-------------+-------+-------+----------+--------+
|      1 | 1611384413 |     1 |     1 | test       | MANAGED_TABLE  |
|      2 | 1611384799 |     2 |     2 | test       | MANAGED_TABLE  |
|      3 | 1611384855 |     2 |     3 | complex    | MANAGED_TABLE  |
|      4 | 1611384894 |     2 |     4 | dept       | EXTERNAL_TABLE |
|      5 | 1611384989 |     2 |     5 | dept_p     | MANAGED_TABLE  |
|      6 | 1611385225 |     2 |    10 | dept_p2    | MANAGED_TABLE  |
|      7 | 1611385285 |     2 |    12 | test_buck | MANAGED_TABLE  |
|      8 | 1611385384 |     2 |    13 | test_view | VIRTUAL_VIEW   |
+--------+-------------+-------+-------+----------+--------+
```

案例 4-6　Hive JDBC 连接

1. 需求

通过 Hive JDBC 连接查询数据。

2. 数据准备

使用前面的 test 表及数据。

3. Hive 实例操作

（1）创建一个 Maven 工程 Hive

groupId 为 com.synu.hivejdbc，artifactId 为 hiveJDBC。

（2）导入依赖

```
<dependencies>
      <dependency>
          <groupId>org.apache.hadoop</groupId>
          <artifactId>hadoop-hdfs</artifactId>
          <version>2.7.1</version>
       </dependency>

       <dependency>
          <groupId>org.apache.hadoop</groupId>
          <artifactId>hadoop-common</artifactId>
          <version>2.7.1</version>
       </dependency>

       <dependency>
          <groupId>org.apache.hive</groupId>
          <artifactId>hive-exec</artifactId>
```

```
            <version>2.1.0</version>
            <exclusions>
                <exclusion>
                    <artifactId>hiveJDBC  </artifactId>
                    <groupId>com.synu.hivejdbc</groupId>
                </exclusion>
            </exclusions>
        </dependency>

        <dependency>
            <groupId>org.apache.hive</groupId>
            <artifactId>hive-jdbc</artifactId>
            <version>2.1.0</version>
        </dependency>
</dependencies>
```

（3）创建一个 Java 类 Hive_JDBC

```
package hiveJDBC;

import java.sql.Connection;
import java.sql.DriverManager;
import java.sql.ResultSet;
import java.sql.Statement;

public class Hive_JDBC {

    private static Connection conn=null;
    public static void main(String args[]) throws Exception{

        String hivejdbc="jdbc:hive2://localhost:10000/hivedwh";
        conn=DriverManager.getConnection(hivejdbc, "hadoop", "");
        Statement st=conn.createStatement();
//创建记录集对象
        ResultSet rs=st.executeQuery("select * from test");
        while(rs.next()){
        System.out.println(rs.getString(1)+"\t"+rs.getString(2));
        }
    }
}
```

（4）运行结果

```
101  Bill
102  Dennis
103  Doug
104  Linus
```

```
105  James
106  Steve
107  Paul
108  Ford
```

习　题　4

一、选择题

1．下面哪个命令可以查询 Hive 中的表及表的基本信息？（　　）

A．Show Create Table tableName　　B．Show Tables

C．Show Table Info tableName　　D．Show tableName

2．按粒度大小的顺序，Hive 数据被组成为数据仓库、表、（　　）和桶表。

A．元组　　B．栏　　C．分区　　D．行

3．下面哪个命令可以查询显示当前数据仓库的个数？（　　）

A．Desc　　B．Alter　　C．Show　　D．Extended

4．下面哪个命令可以切换当前的数据仓库？（　　）

A．Create　　B．Show　　C．Use　　D．Drop

5．下面哪个命令可以删除数据仓库？（　　）

A．Alter　　B．Drop　　C．Use　　D．Desc

6．下面哪个命令用于指定 Map、Struct 和 Array 类型数据的分隔符？（　　）

A．Fields Terminated By Char

B．Collection Items Terminated By Char

C．Map Keys Terminated By Char

D．Lines Terminated By Char

7．下面哪个命令用于指定 Map 类型中的 key 与 value 的分隔符？（　　）

A．Fields Terminated By Char

B．Collection Items Terminated By Char

C．Map Keys Terminated By Char

D．Lines Terminated By Char

8．下面命令中哪个不是创建表所使用的关键字？（　　）

A．Partition By　　B．Clustered By

C．Sorted By　　D．Row Format Delimited

9．下面命令中哪个不是创建表所使用的关键字？（　　）

A．External　　B．Row Format Delimited

C．Location　　D．Store As

10．下面命令中哪个是创建桶表所使用的关键字？（　　）

A．Partitioned By　　B．Clustered By

C．Sorted By　　　　　　　　D．Fields Terminated By Char

11．仅删除内部表中的数据，保留表的元数据信息所使用的关键字是（　　）。

A．Delete　　B．Alter　　C．Truncate　　D．Drop

12．创建内部表时，默认的数据存储目录在（　　）。

A．/hive/warehouse　　　　B．/hive

C．/user/hive/warehouse　　D．/warehouse

13．内部表和外部表之间可以互相转换，所使用的关键字是（　　）。

A．Create　　B．Alter　　C．Truncate　　D．Drop

二、多选题

1．下面哪个命令可以查询 Hive 表结构？（　　）

A．Desc tableName　　　　B．Describe tableName

C．Show Table tableName　　D．Show Tables

2．从语法上看，下面语句哪个是正确的？（　　）

A．Create Table tb1 (id int, name string);

B．Create Table tb2 Like tb1;

C．Create Table tb4 As Select * From tb2;

D．Alter Table tb4 Add Columns(age int, sex boolean);

3．关于创建语句中，关键词使用正确的有（　　）。

A．创建视图——Create View

B．创建外部表——Create External Table

C．创建分区表——Partitioned By

D．创建分桶表——Clustered By(column) Into 3 Buckets

4．一个数据仓库中已经有多个桶表，如要强制删除该数据仓库，可以使用的命令为（　　）。

A．Alter　　B．Drop　　C．Truncate　　D．Cascade

三、判断题

1．在 Hive 中，执行桶表操作时，具体哪个值分到哪个桶中，可以通过对某一字段进行 Hash 运算取得。（　　）

A．正确　　B．错误

2．Drop 删除外部表，会同时删除外部表的数据和元数据信息。（　　）

A．正确　　B．错误

3．Drop 删除外部表，只会删除外部表的元数据信息，并不会将外部表的数据删除。（　　）

A．正确　　B．错误

4．外部表和内部表的差别，只是需要添加 External 关键字就可以了。（　　）

A．正确　　B．错误

5．Hive 中的表，对应 HDFS 中文件的目录。（　　）

A．正确　　B．错误

6．MySQL 数据库的元数据信息都是可更改的，包括数据库名和数据库所在的目录位置。（　　）

A．正确　　　　B．错误

7．修改数据仓库是指设置 Dbproperties 键值对的属性值。(　　)

A．正确　　　　B．错误

8．使用 Drop 和 Cascade 命令，可以强制删除数据仓库及其中的表。(　　)

A．正确　　　　B．错误

9．分区表中的分区字段是表中的实际字段。(　　)

A．正确　　　　B．错误

10．在建立桶表之前，需要设置 hive.enforce.bucketing 属性为 True，使得 Hive 能识别到桶表。(　　)

A．正确　　　　B．错误

11．视图是一种虚表，是一个逻辑概念，可以跨越多个表，操作视图和操作表是完全一样的。(　　)

A．正确　　　　B．错误

四、简答题

1．Hive 数据仓库如何创建？简述其创建过程。

2．什么是内部表？简述其创建过程。

3．什么是外部表？简述其创建过程。

4．内部表和外部表的使用场景有什么不同？

5．什么是分区表？简述其创建过程。

6．为什么要创建分区表？

7．什么是桶表？简述其创建过程。

8．为什么要创建桶表？

五、实践题

1．修改 test.txt 数据文件的分隔符为逗号，创建一个内部表，导入数据并查看表中数据。

2．修改 dept.txt 数据文件的分隔符为空格，创建一个外部表，导入数据并查看表中数据。

3．以日期为分区字段创建一个分区表，导入 test.txt 数据并查看表中数据。

4．创建一个具有 3 个桶的桶表，导入 test.txt 数据并查看表中数据。

5．上机操作查询元数据信息。

6．上机操作通过 Hive JDBC 连接查询表 test 数据。

第 5 章　Hive 数据操作

Hive 数据操作包含 Load、Insert、Update 和 Delete 等。需要注意的是，频繁的 Update 和 Delete 操作已经违背了 Hive 的初衷。不到万不得已的情况下，最好不要使用 Update 和 Delete 操作。

本章主要介绍 Hive 数据仓库数据导入和导出操作的各种方法。

5.1　数 据 导 入

数据导入是指创建 Hive 表后向 Hive 表中加载或插入数据。

一般来说，在 Hive 创建表后，可使用 Load Data 语句向表中导入数据，也可使用 Insert、As Select、Location、Import 语句向表中导入数据。

从数据所在位置来看，有 4 种常见的数据导入方式：

① 从 Linux 本地文件系统中导入数据到 Hive 表；

② 将 HDFS 中的数据导入 Hive 表中；

③ 从其他表中查询出相应的数据并导入 Hive 表中；

④ 在创建表时从其他表中查询出相应数据并导入所创建的表中。

5.1.1　Load 加载数据

通过 Load 命令方式向 Hive 表中加载数据，Load 命令不会在加载数据时做任何转换工作，而是纯粹地把数据文件复制或移动到 Hive 表所在目录。

1．语法格式

LOAD DATA [LOCAL] INPATH 'filepath' [OVERWRITE] INTO TABLE table_name [PARTITION (partcol1=val1,…)];

其中关键字含义及用法说明如下。

① LOAD DATA：表示加载数据。

② LOCAL：表示从本地加载数据到 Hive 表，这种方式是对数据的复制过程；否则从 HDFS 加载数据到 Hive 表，这种方式是对数据的移动过程。

③ INPATH：表示加载数据的目录为 filepath（会将目录下的所有文件都加载），filepath 也可以是一个文件。filepath 可以是相对路径，如 datas/test.txt；filepath 也可以是绝对路径，如 /opt/datas/test.txt；filepath 还可以是完整的 URL，如 hdfs://localhost:9000/user/hive/warehouse/test.txt。

④ OVERWRITE：表示加载数据之前会先清空目标表中的数据内容，否则就是追加的方式。

⑤ INTO TABLE：表示把数据加载到 table_name 表中。

⑥ PARTITION：表示把数据加载到指定分区表中。

2．Hive 实例操作

（1）创建一个表

```
hive(hivedwh)>create table test(id int, name string)
row format delimited fields terminated by '\t';
```

（2）加载本地数据文件到 Hive 的表 test 中

```
hive(hivedwh)>load data local inpath '/opt/datas/test.txt' into table test;
```

（3）加载 HDFS 中的数据文件到 Hive 表中

① 上传数据文件到 HDFS：

```
hive(hivedwh)>dfs -put /opt/datas/test.txt /user/hadoop/hive;
```

② 加载 HDFS 中的数据，该过程是数据移动的过程：

```
hive(hivedwh)>load data inpath '/user/hadoop/hive/test.txt' into table test;
```

（4）加载数据覆盖表中已有的数据

① 上传文件到 HDFS：

```
hive(hivedwh)>dfs -put /opt/datas/test.txt /user/hadoop/hive;
```

② 加载数据覆盖表中已有的数据

```
hive(hivedwh)>load data inpath '/user/hadoop/hive/test.txt' overwrite into
table test;
```

5.1.2　Insert 插入数据

SequenceFile、Parquet、ORC 格式的表不能直接从本地文件导入数据。数据要先导入 TextFile 格式的表中，然后再从 TextFile 格式的表中用 Insert 命令把数据导入 SequenceFile、Parquet、ORC 格式的表中。

通过查询语句使用 Insert 命令方式向 Hive 表中插入数据，基本语法格式如下：

INSERT OVERWRITE|INTO TABLE table_name [PARTITION(partcol1=val1,…)] select_statement;

其中，OVERWRITE 表示覆盖已经存在的数据；INTO 表示只是简单地插入数据，不考虑原始表的数据，直接追加到表中。

select_statement 是可以针对一个表，也可以针对多个表的 Select 语句。

Insert 插入数据方式自动启动 MapReduce 作业。

1．创建一个分区表

```
hive(hivedwh)>create table test_p(id int, name string)
partitioned by (month string)
row format delimited fields terminated by '\t';
```

2．单模式插入数据（依据单个表查询结果）

```
hive(hivedwh)>insert overwrite table test_p partition(month='202108')
select id, name from test;

hive(hivedwh)>select * from test_p;

OK
```

```
test_p.id test_p.name   test_p.month
101  Bill     202108
102  Dennis   202108
103  Doug     202108
104  Linus    202108
105  James    202108
106  Steve    202108
107  Paul     202108
108  Ford     202108
Time taken: 0.34 seconds, Fetched: 8 row(s)
```

单模式数据插入后的 HDFS 详见图 5-1。

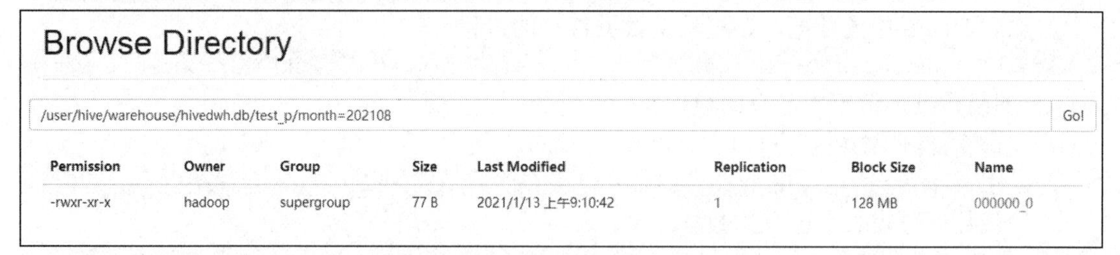

图 5-1　单模式数据插入后的 HDFS

查询数据：

```
hive(hivedwh)>dfs -cat
/user/hive/warehouse/hivedwh.db/test_p/month=202108/000000_0;

101  Bill
102  Dennis
103  Doug
104  Linus
105  James
106  Steve
107  Paul
108  Ford
```

3. 多模式插入数据（依据多个表查询结果）

```
hive(hivedwh)>from test
insert overwrite table test_p partition(month='202107')
select id, name
insert overwrite table test_p partition(month='202106')
select id, name;
```

多模式插入数据后的 HDFS 详见图 5-2。

Browse Directory

/user/hive/warehouse/hivedwh.db/test_p Go!

Permission	Owner	Group	Size	Last Modified	Replication	Block Size	Name
drwxr-xr-x	hadoop	supergroup	0 B	2021/1/13 上午9:28:20	0	0 B	month=202106
drwxr-xr-x	hadoop	supergroup	0 B	2021/1/13 上午9:28:20	0	0 B	month=202107
drwxr-xr-x	hadoop	supergroup	0 B	2021/1/13 上午9:10:44	0	0 B	month=202108

图 5-2 多模式数据插入后的 HDFS

5.1.3 As Select 加载数据

创建表的同时，可以通过查询语句 As Select 把已有表中的数据加载到新创建的表中。这种加载数据的方式在创建表时不需要指定列名。

1．在指定目录创建内部表

```
hive(hivedwh)>create table if not exists test2(
id int, name string)
row format delimited fields terminated by '\t'
stored as textfile
location '/user/hive/warehouse/test2';
```

2．根据查询结果创建表，将查询的结果添加到新创建的表中

```
hive(hivedwh)>create table if not exists test3
as select id, name from test;
```

3．根据已经存在的表结构创建表

Like 复制现有的表结构，但不复制数据。

```
hive(hivedwh)>create table if not exists test4 like test;
```

4．查询表的类型

```
hive(hivedwh)>desc formatted test2;

Table Type: MANAGED_TABLE
```

5.1.4 Location 加载数据

创建表时通过 Location 指定加载路径来加载数据。

这里 Location 指定数据文件存放位置，不管是通过 Select 方式还是通过 Load 方式加载的数据都存放在这个目录下。导入数据到外部表，数据并没有移动到默认数据仓库目录，而是在 Location 指定路径。内部表创建时，也可加上 Location，作用和外部表一样，都是表数据的存放路径。

1．创建表，并指定加载数据在 HDFS 中的位置

```
hive(hivedwh)>create table if not exists test5(
id int, name string)
row format delimited fields terminated by '\t'
```

```
location '/user/hive/warehouse/test5';
```

2. 上传数据到 HDFS

```
hive(hivedwh)>dfs -put /opt/datas/test.txt
/user/hive/warehouse/test5;
```

3. 查询数据

```
hive(hivedwh)>select * from test5;
```

5.1.5 Import 加载数据

通过 Import 方式可以把数据加载到指定 Hive 表中。但是这种方法需要先用 Export 导出后，再将数据导入。

```
hive(hivedwh)>import table test2 partition(month='202109')
from '/user/hive/warehouse/export/test';
```

5.2 数 据 导 出

数据导出是指将查询结果或者 Hadoop 集群的 HDFS 中的数据导出到本地文件系统或者 HDFS 中的其他目录下。

几种常见的数据导出方式如下：

- Insert 语句导出；
- Hadoop 命令导出；
- Hive Shell 命令导出；
- Export 语句导出；
- Sqoop 导出。

5.2.1 Insert 语句导出

Insert 语句导出是将查询结果数据导出到本地文件系统或者 Hadoop 集群的 HDFS 中的其他目录下。

语法格式如下：

insert OVERWRITE |[LOCAL] directory 'filepath' select_statement;

其中关键字含义及用法说明如下。

① LOCAL：表示把 Hive 表中数据导出到本地路径 filepath 文件中，否则把 Hive 表中的数据导出到 HDFS 目录的 filepath 文件中。

② OVERWRITE：表示导出数据之前会先清空目标文件中的数据内容，否则就是追加的方式。

1. 将查询的结果导出到本地目录中

```
hive(hivedwh)>insert overwrite local directory
'/opt/datas/export/test'
select * from test;
```

2. 将查询的结果格式化导出到本地目录中

```
hive(hivedwh)>insert overwrite local directory '/opt/datas/export/test1'
```

```
row format delimited fields terminated by '\t'
select * from test;
```

3. 将查询的结果导出到 HDFS

```
hive(hivedwh)>insert overwrite directory '/user/hadoop/test2'
row format delimited fields terminated by '\t'
select * from test;
```

5.2.2　Hadoop 命令导出

Hadoop 命令将 HDFS 中的数据导出到本地文件系统指定目录中：

```
hive(hivedwh)>dfs -get
/user/hive/warehouse/test/month=202109/000000_0
/opt/datas/export/test3.txt;
```

5.2.3　Hive Shell 命令导出

1. 基本语法：bin/hive -e HQL 语句 > filepath

将 HQL 语句的查询结果数据导出到指定目录下的文件中：

```
hadoop@SYNU:/usr/local/hive$ bin/hive -e 'select * from test;' >
 /opt/datas/export/test4.txt;
```

2. 基本语法：bin/hive -f 执行脚本 > filepath

将 HQL 语句存储在执行脚本文件中，将执行脚本文件的执行结果存储在指定目录下的文件中。例如，hivef.sql 脚本文件中存储 HQL 语句“select *from test;”，执行 hivef.sql 脚本文件中的查询语句，并将查询结果输出到 test5.txt 文件中：

```
hadoop@SYNU:/usr/local/hive$ bin/hive -f /hivef.sql >
 /opt/datas/export/test5.txt;
```

5.2.4　Export 语句导出

Export 语句导出是将 Hive 表中的数据导出到 Hadoop 集群的 HDFS 中的其他目录下：

```
hive(hivedwh)>export table test to '/user/hive/warehouse/export/test';
```

5.2.5　Sqoop 导出

Sqoop 是一个用来将关系型数据库（RDBMS）中和 Hadoop 中的数据进行相互转移的工具，可以将一个关系型数据库（如 MySQL、Oracle）中的数据导入 Hadoop（如 HDFS、Hive、HBase）中，也可以将 Hadoop（如 HDFS、Hive、HBase）中的数据导出到关系型数据库（如 MySQL、Oracle）中。

Sqoop 工具接收到客户端的 Shell 命令或者 Java API 命令后，通过 Sqoop 中的任务翻译器（Task Translator）将命令转换为对应的 MapReduce 任务，然后将关系型数据库和 Hadoop 中的数据进行相互转移，进而完成数据的复制。

Sqoop 支持直接从 Hive 表到 RDBMS 表的导出操作，也支持 HDFS 到 RDBMS 表的操作。从 Hive 表中导出数据到 RDBMS 表，有如下两种方案。

1. 从 Hive 表到 RDBMS 表的直接导出

该种方式效率较高，但是此时相当于直接在 Hive 表与 RDBMS 表的数据之间做全量、增量和更新对比，当 Hive 表记录较大时，或者 RDBMS 有多个分区表时，无法做到精准的控制。

2. 从 HDFS 到 RDBMS 表的导出

该方式下需要先将数据从 Hive 表导出到 HDFS，再从 HDFS 将数据导入 RDBMS 表。虽然比直接导出多了一步操作，但是可以实现对数据的更精准的操作，特别是从 Hive 表导出到 HDFS 时，可以进一步对数据进行字段筛选、字段加工、数据过滤操作，从而使得 HDFS 中的数据更接近或等于将来实际要导入 RDBMS 表的数据。在从 HDFS 导入 RDBMS 表时，也是将一个小数据集与目标表中的数据做对比，从而提高导出速度。

习　题　5

一、选择题

1. Hive 加载数据文件到 Hive 表中的关键语法是（　　）。

A. Load Data [Local] Inpath 'filepath' [Overwrite] Into Table tablename

B. Insert Data [Local] Inpath 'filepath' [Overwrite] Into Table tablename

C. Load Data Infile Append Into Table Fields Terminated By ","

D. Load Onpath 'filepath' [Overwrite] Into Table tablename

2. 将 Hive 表中的数据导出到 Hadoop 集群的 HDFS 中的其他目录下可以使用的命令为（　　）。

A. Export　　B. Insert　　C. Load　　D. Hive Shell 命令

3. 将查询结果数据导出到本地文件系统或者 Hadoop 集群的 HDFS 中的其他目录下可以使用的命令为（　　）。

A. Export　　B. Insert　　C. Hadoop 命令　　D. Hive Shell 命令

4. 通过查询语句使用关键字（　　）可以向 Hive 表中插入数据。

A. Load　　B. Insert　　C. Import　　D. Location

5. 数据导出使用下面哪个关键字？（　　）

A. Output　　B. Insert　　C. Import　　D. Location

6. 向桶表中导入数据可以使用下面哪个关键字？（　　）

A. Load　　B. Insert　　C. Import　　D. Location

二、多选题

1. 向 Hive 表插入数据时，Insert（　　）Table …，括号中允许使用哪些关键字？

A. Into　　B. Append　　C. Overwrite　　D. Onto

2. 数据导入可以使用的关键字是（　　）。

A. Load　　B. Insert　　C. Export　　D. Location

3. 数据导出可以使用的关键字是（　　）。

A. Load　　B. Insert　　C. Export　　D. Location

4. Hive 中常见的数据导出方式为（　　）。

A．Insert语句导出　　　　　　B．Hadoop命令导出
C．Hive Shell命令导出　　　　D．Export语句导出
5．Hive中常见的数据导入方式为（　　）。
A．从Linux本地文件系统中导入数据到Hive表
B．将HDFS中的数据导入Hive表中
C．从其他表中查询出相应的数据并导入Hive表中
D．在创建表时从其他表中查询出相应数据并导入所创建的表中

三、判断题

1．Load命令不会在加载数据时做任何转换工作，而是纯粹地把数据文件复制或移动到Hive表对应的地址。（　　）
A．正确　　　　B．错误
2．创建表的同时可以通过查询语句As Select把已有表中的数据加载到新创建的表中。（　　）
A．正确　　　　B．错误
3．Insert导出是指将查询结果数据导出到本地文件系统或者Hadoop集群的HDFS中的其他目录下。（　　）
A．正确　　　　B．错误
4．Export导出是将Hive表中的数据导出到Hadoop集群的HDFS中的其他目录下。（　　）
A．正确　　　　B．错误
5．Hive Shell命令导出是将Hive表中的数据导出到Hadoop集群的HDFS中的其他目录下。（　　）
A．正确　　　　B．错误
6．Insert导入数据方式将自动启动MapReduce过程。（　　）
A．正确　　　　B．错误
7．SequenceFile、Parquet、ORC格式的表不能直接从本地文件导入数据，数据要先导入TextFile格式的表中，然后从表中用Load导入SequenceFile、Parquet、ORC格式的表中。（　　）
A．正确　　　　B．错误

四、简答题

1．简述4种常见的数据导入方式。
2．比较Load和Insert数据导入的异同。
3．简述3种常见的数据导出方式。

五、实践题

1．创建一个内部表，存储格式为SequenceFile，导入数据并查询表中数据。
2．创建一个外部表，存储格式为ORC，导入数据并查询表中数据。
3．以日期为分区字段创建一个分区表，存储格式为Parquet，导入test.txt数据并查询表中数据。
4．创建一个具有2个桶的桶表，导入test.txt数据并查询表中数据。

第 6 章　HQL 查询

创建表并导入数据之后，即可对 Hive 表进行各种分析查询了。本章主要介绍 HQL 的各种查询方法，这是 Hive 数据仓库的重点内容之一。

Hive 支持 SQL 数据定义语言（DML）中的几乎所有功能，主要包括 Select 基本查询、Where 语句、分组语句、Join 语句、各种排序和抽样查询等。

6.1　Select 基本查询

Select 查询语句语法格式：

SELECT [ALL | DISTINCT] select_expr, select_expr, ...
FROM table_reference
[WHERE where_condition]
[GROUP BY col_list]
[HAVING having_condition]
[JOIN col_list ON …]
[ORDER BY col_list]
[SORT BY col_list]
[DISTRIBUTE BY col_list]
[CLUSTER BY col_list]
[TABLESAMPLE(BUCKET x OUT OF y ON col_list|RAND())]
[LIMIT number];

注意：

① HQL 语言对大小写不敏感；

② HQL 语句可以写在一行或者多行；

③ 关键字不能被缩写也不能分行；

④ 各子句一般要分行写；

⑤ 使用缩进提高语句的可读性。

6.1.1　全表和特定列查询

Hive 查询时，可以针对 Hive 表中所有字段，也可以针对 Hive 表的特定一个或几个字段进行查询，前者称为全表查询，后者称为特定列查询。

1．全表查询

```
hive(hivedwh)>select * from dept;
```

2．特定列查询

```
hive(hivedwh)>select deptno, dname from dept;
```

6.1.2　列的别名

为了便于分析计算，Hive 查询时可以重命名字段，这也称为列的别名。列的别名紧跟列名，也可以在列名和别名之间加入关键字 AS。

例如，查询名称和部门：

```
hive(hivedwh)>select dname AS name, deptno dn from dept;
```

6.1.3　Limit 语句

Select 查询会返回符合条件的所有多行数据记录，Limit 语句用于限制和设定返回的行数。

```
hive(hivedwh)>select * from dept limit 3;
```

6.2　Where 语句

Where 语句后面跟着一个条件表达式，该条件表达式可以是比较运算符表达式，也可以是逻辑运算符表达式，该条件表达式用于过滤数据。带有 Where 语句的查询返回一个有限的结果。Where 语句中不能使用字段别名。

Where 语句的作用是在对查询结果进行分组前，将不符合 Where 条件的记录去掉，即在分组之前过滤数据，条件中不能包含聚合函数，使用 Where 条件显示特定的记录。

案例 6-1　比较运算符应用

1．需求

创建学生 emp 外部表，向外部表中导入数据，并应用比较运算符做简单查询。

2．数据准备

（1）原始数据

emp 表中数据见表 6-1。

表 6-1　emp 表中数据

empno	ename	gender	bday	area	score	deptno	scholarship
18999065	王述龙	男	1998-12-10	上海	98	100	2000
18007066	孙宇鹏	男	1999-11-17	沈阳	51	500	
18999141	王应龙	男	2000-02-04	沈阳	59	100	
18008158	张琼宇	女	1999-07-01	大连	89	200	
18999063	宋传涵	女	1999-07-20	上海	86	100	1000
18008009	李亚楠	女	1998-01-24	杭州	97	200	2000
18008026	侯楠楠	男	2000-01-29	北京	79	200	
18008027	陈姝元	女	1999-06-24	北京	96	200	1500
18009183	陆春宇	男	1998-01-18	沈阳	87	300	1000

续表

empno	ename	gender	bday	area	score	deptno	scholarship
18009173	孙云琳	女	1997-07-15	上海	56	300	
18008014	尤骞梓	女	1999-04-25	杭州	86	200	1000
18998002	张爱林	男	1999-05-16	北京	92	400	1500
18009019	曹雪东	男	2000-11-20	北京	78	300	
18998153	贾芸梅	女	2000-06-12	大连	88	400	1000
18007051	温勇元	男	1999-08-08	上海	65	500	
18998039	张微微	女	1998-01-27	北京	90	400	1500
18007063	李君年	男	1998-03-21	上海	78	500	
18007095	卢昱泽	女	1998-08-01	上海	57	500	
18007096	赵旭辉	男	1999-02-18	北京	75	500	
18009087	张矗年	男	1997-07-26	重庆	86	300	1000

（2）创建本地数据文件 emp.txt

```
hadoop@SYNU:/opt/datas$ vim emp.txt
```

并将表 6-1 中数据导入其中，然后保存并退出。

3. Hive 实例操作

（1）创建外部表 emp

```
hive(hivedwh)>create external table if not exists emp(
empno int,
ename string,
gender string,
bday string,
area string,
score double,
deptno int,
scholarship double)
row format delimited fields terminated by '\t';
```

（2）向外部表 emp 中导入数据

```
hive(hivedwh)>load data local inpath '/opt/datas/emp.txt' into table emp;
```

（3）设置汉字编码，否则汉字出现乱码

```
hive(hivedwh)>alter table emp
set serdeproperties('serialization.encoding'='GBK');
```

（4）查询成绩为 98 分的学生的所有信息

```
hive(hivedwh)>select empno,ename,gender,bday,area,score,deptno
from emp where score =98;

OK
empno     ename  gender bday         area    score      deptno
18999065  王述龙  男     1998-12-10   上海    98.0       100
```

（5）查询成绩为 90 分到 100 分的学生信息

```
hive(hivedwh)>select empno,ename,gender,area,score,deptno
from emp where score between 90 and 100;

OK
```

```
empno       ename   gender area   score   deptno
18999065    王述龙   男      上海    98.0    100
18008009    李亚楠   女      杭州    97.0    200
18008027    陈姝元   女      北京    96.0    200
18998002    张爱林   男      北京    92.0    400
18998039    张微微   女      北京    90.0    400
```

（6）查询奖学金 scholarship 不为空的所有学生信息

```
hive(hivedwh)>select empno,ename,gender,area,score,scholarship
from emp where scholarship is not null;
```

（7）查询成绩为 86 分或 96 分的学生信息

```
hive(hivedwh)>select ename,gender,area,score,deptno
from emp where score IN (86, 96);

OK
ename  gender area   score  deptno
宋传涵  女     上海    86.0   100
陈姝元  女     北京    96.0   200
尤骞梓  女     杭州    86.0   200
张矗年  男     重庆    86.0   300
```

（8）查询成绩大于 90 分的所有学生

```
hive(hivedwh)>select empno,ename,gender,bday,area,score,deptno from emp where
score >90;
```

6.2.1 Like的使用

1．语法格式

语法格式为：

A Like B

其中 A 是 Hive 表中的字段名称，B 是表达式，表示能否用 B 去完全匹配 A 的内容，换句话说，能否用 B 这个表达式去表示 A 的全部内容。返回的结果是 True 或 False。

B 只能使用简单匹配符“_”和“%”，字符“_”表示任意单个字符，字符“%”表示任意数量的字符。Like 的匹配是按字符逐一匹配的，使用 B 从 A 的第一个字符开始匹配，所以即使有一个字符不同，都不能完全匹配。

2．使用描述

如果 A 或者 B 为 Null，则返回 Null；如果 A 符合表达式 B 的正则语法，则为 True，否则为 False。注意 Null 值的匹配，返回的结果不是 False 和 True，而是 Null，其实除了 Is Null、Is Not Null，其他的关系运算符只要碰到 Null 值出现，结果都返回 Null，而不是 True 或 False。

例如，'foobar' Like 'foo'的值为 False，而'foobar' Like 'foo_'的值为 True，'foobar' Like 'foo%'的值为 True。要转义%，则使用“\”。如果数据包含分号，若想匹配它，则需要转义，如'a\;b'。

Not A Like B 是 Like 的结果否定，如果 Like 匹配结果是 True，则 Not…Like…的匹配结果是 False。实际中也可以使用 A Not Like B，也是 Like 的否定，与 Not A Like B 一样。当然，前提要排除出现 Null 问题，Null 值除外，Null 的结果都是 Null 值。

6.2.2 Rlike 的使用

1．语法格式

语法格式为：

A Rlike B

表示 B 是否在 A 里面。而 A Like B，则表示 B 是否是 A。B 中的表达式可以使用 Java 中全部的正则表达式，具体正则规则读者可参考 Java 或者其他标准正则语法。

2．使用描述

如果字符串 A 或者字符串 B 为 Null，则返回 Null；如果 A 符合 Java 正则表达式 B 的正则语法，则为 True，否则为 False。

同样，Not A Rlike B 是对 Rlike 的否定。当然，前提要排除出现 Null 问题，Null 值除外，Null 的结果都是 Null 值。

Rlike 功能和 Like 功能大致一样，Like 的后面只支持简单表达式匹配（_、%），而 Rlike 则支持标准正则表达式语法。所以如果正则表达式使用熟练，建议使用 Rlike，其功能更加强大。所有的 Like 匹配都可以被替换成 Rlike；反之，则不可。但是需要注意的是，Like 是从头逐一字符匹配的，是全部匹配，但 Rlike 则不是，可以从任意部位匹配，而且不是全部匹配。

案例 6-2　Like 和 Rlike 应用

1．查询成绩以 9 开头的学生信息

```
hive(hivedwh)>selectempno,ename,gender,bday,area,score
from emp where score LIKE '9%';
```

2．查询成绩中第二个数值为 8 的学生信息

```
hive(hivedwh)>select ename,area,score,deptno,scholarship
from emp where score LIKE '_8%';

OK
Ename  area   score    deptno scholarship
王述龙  上海   98.0     100    2000.0
曹雪东  北京   78.0     300    NULL
贾芸梅  大连   88.0     400    1000.0
李君年  上海   78.0     500    NULL
```

3．查询出生日期中含有 6 的学生信息，正则表达式仅限于字符串类型的字段

```
hive (hivedwh)> select empno,ename,bday,area,score,deptno
from emp where bday RLIKE '[6]';

OK
empno      ename  bday          area    score      deptno
18008027   陈姝元  1999-06-24    北京    96.0       200
18998002   张爱林  1999-05-16    北京    92.0       400
18998153   贾芸梅  2000-06-12    大连    88.0       400
18009087   张矗年  1997-07-26    重庆    86.0       300
```

案例 6-3 逻辑运算符应用

1. 查询成绩大于 80 分，系别是 300 的学生信息

```
hive(hivedwh)>select empno,ename,bday,area,score,deptno
from emp where score>80 and deptno=300;

OK
empno       ename   bday          area     score       deptno
18009183    陆春宇  1998-01-18    沈阳     87.0        300
18009087    张矗年  1997-07-26    重庆     86.0        300
```

2. 查询成绩大于 95 分，或者系别是 100 的学生信息

```
hive(hivedwh)>select ename,gender,bday,area,score,deptno
from emp where score>95 or deptno=100;

OK
ename   gender bday           area     score       deptno
王述龙    男     1998-12-10     上海     98.0        100
王应龙    男     2000-02-04     沈阳     59.0        100
宋传涵    女     1999-07-20     上海     86.0        100
李亚楠    女     1998-01-24     杭州     97.0        200
陈姝元    女     1999-06-24     北京     96.0        200
```

3. 查询除系别 200 和系别 500 外的学生信息

```
hive(hivedwh)>select empno,ename,bday,area,score,deptno
from emp where deptno not IN(200, 500);

OK
empno       ename   bday          area     score       deptno
18999065    王述龙  1998-12-10    上海     98.0        100
18999141    王应龙  2000-02-04    沈阳     59.0        100
18999063    宋传涵  1999-07-20    上海     86.0        100
18009183    陆春宇  1998-01-18    沈阳     87.0        300
18009173    孙云琳  1997-07-15    上海     56.0        300
18998002    张爱林  1999-05-16    北京     92.0        400
18009019    曹雪东  2000-11-20    北京     78.0        300
18998153    贾芸梅  2000-06-12    大连     88.0        400
18998039    张微微  1998-01-27    北京     90.0        400
18009087    张矗年  1997-07-26    重庆     86.0        300
```

6.3 分组语句

分组语句主要有 Group By 语句和 Having 语句。

6.3.1 Group By 语句

Group By 语句通常和聚合函数一起使用，按照一个或者多个字段进行分组，然后对每个组执行聚合操作。

案例 6-4 Group By 语句应用

1．查询 emp 表每个部门的平均成绩

```
hive(hivedwh)>select deptno, avg(score) avg_score
from emp  group by deptno;

OK
deptno   avg_score
100      81.0
200      89.4
300      76.75
400      90.0
500      65.2
```

2．查询 emp 表每个部门中男女性别的最好成绩

```
hive(hivedwh)>select deptno, gender, max(score) max_score
from emp group by deptno, gender;

OK
deptno      gender max_score
100         女     86.0
200         女     97.0
300         女     56.0
400         女     90.0
500         女     57.0
100         男     98.0
200         男     79.0
300         男     87.0
400         男     92.0
500         男     78.0
```

6.3.2 Having 语句

Having 语句也是限定返回的数据集。只有在 Group By 和 Having 语句中，可以使用聚合函数。Having 语句在 Group By 语句之后，HQL 会在分组之后计算 Having 语句，查询结果中只返回满足 Having 条件的结果。

1. Having 语句与 Where 语句的不同点

① Where 语句针对表中的字段执行查询数据，而 Having 语句针对查询结果中的字段执行筛选数据。

② Where 语句后面不能使用聚合函数，而 Having 语句后面可以使用聚合函数。

③ Having 语句只用于 Group By 分组统计语句。

2. Hive 实例操作

查询 emp 表中平均成绩大于 80 分的部门：

```
hive(hivedwh)>select deptno, avg(score) avg_score
from emp group by deptno
having avg_score > 80;

OK
deptno     avg_score
100        81.0
200        89.4
400        90.0
```

6.4　Join 语句

Hive 只支持等值连接、外连接和左半连接。Hive 不支持非相等的 Join 条件（通过其他方式实现，如 Left Outer Join），因为很难在 MapReduce 中实现这样的条件。而且，Hive 可以 Join 两个以上的表。

6.4.1　等值连接

Join 语句通过共同值组合来自两个表的特定字段，它是两个或更多的表组合的记录。Hive 支持通常的 SQL Join 语句，但是只支持等值连接，不支持非等值连接。

例如，根据 dept 表和 emp 表中的部门编号相等，查询学生编号、学生名称、部门编号和名称：

```
hive(hivedwh)>select e.empno, e.ename, d.deptno, d.dname
from emp e join dept d on e.deptno = d.deptno;

OK
e.empno    e.ename    d.deptno    d.dname
18999065   王述龙     100         数学系
18007066   孙宇鹏     500         软件系
18999141   王应龙     100         数学系
18008158   张琼宇     200         物理系
18999063   宋传涵     100         数学系
18008009   李亚楠     200         物理系
18008026   侯楠楠     200         物理系
18008027   陈姝元     200         物理系
18009183   陆春宇     300         化学系
18009173   孙云琳     300         化学系
```

```
18008014    尤骞梓      200       物理系
18998002    张爱林      400       新闻系
18009019    曹雪东      300       化学系
18998153    贾芸梅      400       新闻系
18007051    温勇元      500       软件系
18998039    张微微      400       新闻系
18007063    李君年      500       软件系
18007095    卢昱泽      500       软件系
18007096    赵旭辉      500       软件系
18009087    张矗年      300       化学系
```

6.4.2 表的别名

使用表的别名可以简化查询，还可以提高执行效率。

例如，合并 dept 表和 emp 表：

```
hive(hivedwh)>select e.empno, e.ename, d.deptno
from emp e join dept d on e.deptno = d.deptno;
```

6.4.3 内连接

内连接只连接两个表中都存在与连接条件相匹配的数据。内连接通过关键字 Inner Join 标识。例如：

```
hive(hivedwh)>select e.empno, e.ename, d.deptno
from emp e inner join dept d on e.deptno = d.deptno;
```

6.4.4 左外连接

左外连接是指 Join 操作符左边表中符合 Where 语句的所有记录将被返回。左外连接通过关键字 Left Outer Join 标识。例如：

```
hive(hivedwh)>select e.empno, e.ename, d.deptno
from emp e left outer join dept d on e.deptno = d.deptno;
```

6.4.5 右外连接

右外连接是指 Join 操作符右边表中符合 Where 语句的所有记录将被返回。右外连接通过关键字 Right Outer Join 标识。

这里需要注意的是，Where 语句在连接操作执行后才会执行，因此 Where 语句应只用于过滤那些非 Null 的列值，同时 On 语句中的分区过滤条件在外连接（Outer Join）中是没用的，不过在内连接中是有效的。如果想在连接之前避免使用 On 语句条件和 Where 语句条件来过滤数据，可以使用嵌套查询。例如：

```
hive(hivedwh)>select e.empno, e.ename, d.deptno
from emp e right outer join dept d on e.deptno = d.deptno;
```

6.4.6 满外连接

满外连接将返回所有表中符合 Where 语句条件的所有记录。如果任一表的指定字段没有符合条件值，那么就使用 Null 值替代。满外连接通过关键字 Full Outer Join 标识。例如：

```
hive(hivedwh)>select e.empno, e.ename, d.deptno
from emp e full outer join dept d on e.deptno = d.deptno;
```

6.4.7　左半连接

左半连接将返回左边表的记录，前提是其记录对于右边表满足 On 语句中的判断条件。对于常见的内连接来说，这是一种特殊的、优化了的情况。左半连接通过关键字 Left Semi Join 标识。例如：

```
hive(hivedwh)>select e.empno, e.ename, d.deptno
from emp e left semi join dept d on e.deptno = d.deptno;
```

6.4.8　多表连接

一个查询可以连接两个以上的表。这里需要注意的是，连接 n 个表，至少需要 n−1 个连接条件。例如，连接 3 个表，至少需要 2 个连接条件。

案例 6-5　多表连接查询

1．需求

3 个表连接：dept 表、emp 表和 location 表。

2．数据准备

location 表数据如表 6-2 所示。

表 6-2　location 表数据

buildingsno	buildingsname
2100	泓文楼
2200	实验楼
2300	博文楼
2400	汇文楼
2500	信息楼

dept 表和 emp 表及数据在前面章节中已经提供。

创建本地数据文件 location.txt：

```
hadoop@SYNU:/opt/datas$ vim location.txt
```

并将表 6-2 中的数据导入其中。

3．Hive 实例操作

（1）创建 location 表

```
hive(hivedwh)>create table if not exists location(
buildingsno int,
buildingsname string)
row format delimited fields terminated by '\t';
```

（2）导入数据

```
hive(hivedwh)>load data local inpath '/opt/datas/location.txt'
into table location;
```

（3）多表连接查询

```
hive(hivedwh)>select e.ename, d.deptno, l.buildingsname
from   emp e
join   dept d
on     d.deptno = e.deptno
join   location l
on     d.buildingsno = l.buildingsno;

OK
e.ename    d.deptno  l.buildingsname
王述龙      100       泓文楼
孙宇鹏      500       信息楼
王应龙      100       泓文楼
张琼宇      200       实验楼
宋传涵      100       泓文楼
李亚楠      200       实验楼
侯楠楠      200       实验楼
陈姝元      200       实验楼
陆春宇      300       博文楼
孙云琳      300       博文楼
尤骞梓      200       实验楼
张爱林      400       汇文楼
曹雪东      300       博文楼
贾芸梅      400       汇文楼
温勇元      500       信息楼
张微微      400       汇文楼
李君年      500       信息楼
卢昱泽      500       信息楼
赵旭辉      500       信息楼
张矗年      300       博文楼
```

大多数情况下，Hive 会对每对 Join 连接对象启动一个 MapReduce 任务。本例中首先启动一个 MapReduce 任务对 emp 表和 dept 表进行连接操作，然后启动一个 MapReduce 任务，并将第一个 MapReduce 任务的输出和 location 表进行连接操作。

这里需要注意的是，Hive 总是按照从左到右的顺序执行的，不管是 Left Join 或 Right Join。

6.4.9 笛卡儿积 Join

笛卡儿积 Join 是一种连接，它把 Join 左边表的行数乘以右边表的行数的结果作为结果集，所以笛卡儿积 Join 会产生大量数据。和其他连接类型不同，笛卡儿积 Join 不是并行执行的，而且无法进行优化。

在 Hive 中，笛卡儿积 Join 在应用 Where 语句中的谓词条件前会先进行笛卡儿积计算，这个过程会消耗大量资源。如果设置属性 hive.mapred.mode 值为 Strict，Hive 会执行笛卡儿积查询，若无特别的要求，尽量不要使用笛卡儿积 Join。

笛卡儿积 Join 在一些情况下还是有用的，例如，假如有一个表为用户偏好，另一个表为新闻文章，同时有一个算法会推测出用户可能会喜欢读哪些文章，这个时候就需要笛卡儿积 Join 生成所有用户和所有网页的对应关系集合。

1. 笛卡儿积 Join 产生的条件

① 省略连接条件。

② 连接条件无效。

③ 所有表中的所有行互相连接。

2. Hive 实例操作

```
hive(hivedwh)>select empno, dname from emp, dept;
```

注意：连接谓词中不支持 Or，以下查询是错误的。

```
hive(hivedwh)>select e.empno, e.ename, d.deptno
from emp e join dept d on e.deptno= d.deptno or e.ename=d.ename;
```

6.5 排　　序

Hive 常用排序方法有 Order By、Sort By、Distribute By 和 Cluster By 等，下面进行详细介绍。

6.5.1 Order By 全局排序

Order By 按照一个或多个字段排序。

Hive 中的 Order By 和传统 SQL 中的 Order By 一样，对查询结果做全局排序，会新启动一个任务进行排序，把所有数据放到同一个 Reduce 中进行处理。不管数据有多少，不管文件有多少，都启用一个 Reduce 进行处理。

数据量大的情况下将会消耗很长时间去执行排序，而且可能不会出结果，因此必须使用关键字 Limit 指定输出条数。

ASC（Ascend）表示升序（默认），DESC（Descend）表示降序。Order By 语句在 Select 语句的结尾。

案例 6-6　Order By 全局排序应用

1. 查询学生信息按部门升序排列

```
hive(hivedwh)>select ename,gender,bday,area,score,deptno
from emp order by deptno;

OK
ename  gender bday        area    score   deptno
王述龙  男     1998-12-10  上海    98.0    100
宋传涵  女  1999-07-20     上海    86.0    100
王应龙  男  2000-02-04     沈阳    59.0    100
尤骞梓  女  1999-04-25     杭州    86.0    200
张琼宇  女  1999-07-01     大连    89.0    200
```

```
李亚楠  女  1998-01-24      杭州      97.0     200
侯楠楠  男  2000-01-29      北京      79.0     200
陈姝元  女  1999-06-24      北京      96.0     200
张矗年  男  1997-07-26      重庆      86.0     300
曹雪东  男  2000-11-20      北京      78.0     300
陆春宇  男  1998-01-18      沈阳      87.0     300
孙云琳  女  1997-07-15      上海      56.0     300
贾芸梅  女  2000-06-12      大连      88.0     400
张微微  女  1998-01-27      北京      90.0     400
张爱林  男  1999-05-16      北京      92.0     400
温勇元  男  1999-08-08      上海      65.0     500
李君年  男  1998-03-21      上海      78.0     500
卢昱泽  女  1998-08-01      上海      57.0     500
赵旭辉  男  1999-02-18      北京      75.0     500
孙宇鹏  男  1999-11-17      沈阳      51.0     500
```

2．查询学生信息按成绩降序排列

```
hive(hivedwh)>select ename,gender,bday,area,score,deptno
from emp order by score desc;

OK
ename   gender bday             area     score   deptno
王述龙  男      1998-12-10      上海     98.0    100
李亚楠  女      1998-01-24      杭州     97.0    200
陈姝元  女      1999-06-24      北京     96.0    200
张爱林  男      1999-05-16      北京     92.0    400
张微微  女      1998-01-27      北京     90.0    400
张琼宇  女      1999-07-01      大连     89.0    200
贾芸梅  女      2000-06-12      大连     88.0    400
陆春宇  男      1998-01-18      沈阳     87.0    300
张矗年  男      1997-07-26      重庆     86.0    300
尤骞梓  女      1999-04-25      杭州     86.0    200
宋传涵  女      1999-07-20      上海     86.0    100
侯楠楠  男      2000-01-29      北京     79.0    200
李君年  男      1998-03-21      上海     78.0    500
曹雪东  男      2000-11-20      北京     78.0    300
赵旭辉  男      1999-02-18      北京     75.0    500
温勇元  男      1999-08-08      上海     65.0    500
王应龙  男      2000-02-04      沈阳     59.0    100
卢昱泽  女      1998-08-01      上海     57.0    500
孙云琳  女      1997-07-15      上海     56.0    300
孙宇鹏  男      1999-11-17      沈阳     51.0    500
```

6.5.2 字段别名排序

重命名一个字段，然后对重命名字段进行排序。

例如，按照学生成绩的 2 倍排序：

```
hive(hivedwh)>select ename, score*2 twoscore
from emp order by twoscore;
```

6.5.3 多字段排序

排序也可以对多字段同时进行。

例如，按照部门和成绩升序排序：

```
hive(hivedwh)>select ename, deptno, score
from emp order by deptno, score;

OK
ename   deptno   score
王应龙   100      59.0
宋传涵   100      86.0
王述龙   100      98.0
侯楠楠   200      79.0
尤骞梓   200      86.0
张琼宇   200      89.0
陈姝元   200      96.0
李亚楠   200      97.0
孙云琳   300      56.0
曹雪东   300      78.0
张矗年   300      86.0
陆春宇   300      87.0
贾芸梅   400      88.0
张微微   400      90.0
张爱林   400      92.0
孙宇鹏   500      51.0
卢昱泽   500      57.0
温勇元   500      65.0
赵旭辉   500      75.0
李君年   500      78.0
```

6.5.4 Sort By 内部排序

Sort By是内部排序，会在每个Reduce中进行排序，单个Reduce出来的数据是有序的，但不保证全局有序。假设设置了3个Reduce，那么这3个Reduce就会生成3个文件，每个文件都会按Sort By设置的条件排序，但是当这3个文件数据合在一起，就不一定有序了。一般情况下，可以先进行Sort By内部排序，再进行全局排序，这样会提高排序效率。

使用Sort By可以先指定执行的Reduce个数（set mapreduce.job.reduces=<number>），对输出的数据再执行排序，即可以得到全部排序结果。

案例6-7 Sort By内部排序应用

1. 设置Reduce个数为3

```
hive(hivedwh)>set mapreduce.job.reduces=3;
```

2．查看设置 Reduce 个数

```
hive(hivedwh)>set mapreduce.job.reduces;
```

3．根据部门编号降序查看学生信息

```
hive(hivedwh)>select empno,ename,bday,area,score,deptno
from emp sort by deptno desc;

OK
empno      ename   bday          area    score       deptno
18998039   张微微   1998-01-27    北京    90.0        400
18009019   曹雪东   2000-11-20    北京    78.0        300
18999065   王述龙   1998-12-10    上海    98.0        100
18007051   温勇元   1999-08-08    上海    65.0        500
18007096   赵旭辉   1999-02-18    北京    75.0        500
18007095   卢昱泽   1998-08-01    上海    57.0        500
18009183   陆春宇   1998-01-18    沈阳    87.0        300
18009173   孙云琳   1997-07-15    上海    56.0        300
18008027   陈姝元   1999-06-24    北京    96.0        200
18008026   侯楠楠   2000-01-29    北京    79.0        200
18008009   李亚楠   1998-01-24    杭州    97.0        200
18999063   宋传涵   1999-07-20    上海    86.0        100
18007066   孙宇鹏   1999-11-17    沈阳    51.0        500
18007063   李君年   1998-03-21    上海    78.0        500
18998002   张爱林   1999-05-16    北京    92.0        400
18998153   贾芸梅   2000-06-12    大连    88.0        400
18009087   张矗年   1997-07-26    重庆    86.0        300
18008014   尤骞梓   1999-04-25    杭州    86.0        200
18008158   张琼宇   1999-07-01    大连    89.0        200
18999141   王应龙   2000-02-04    沈阳    59.0        100
```

4．将查询结果导出到文件中（按照部门编号降序排序）

```
hive(hivedwh)>insert overwrite local directory '/opt/datas/s_output'
select empno,ename,bday,area,score,deptno
from emp sort by deptno desc;
```

5．查询导出文件中数据

目录 s_output 中生成 3 个文件，分别为 000000_0、000001_0、000002_0。

```
hadoop@SYNU:/opt/datas/s_output$ cat 000000_0

18007051r温勇元r1999-08-08r上海r65.0r500
18007096r赵旭辉r1999-02-18r北京r75.0r500
18007095r卢昱泽r1998-08-01r上海r57.0r500
18009183r陆春宇r1998-01-18r沈阳r87.0r300
18009173r孙云琳r1997-07-15r上海r56.0r300
18008027r陈姝元r1999-06-24r北京r96.0r200
18008026r侯楠楠r2000-01-29r北京r79.0r200
18008009r李亚楠r1998-01-24r杭州r97.0r200
18999063r宋传涵r1999-07-20r上海r86.0r100
```

6.5.5　Distribute By 分区排序

Hive 中的 Distribute By 是控制在 Map 端如何拆分数据给 Reduce 端的。按照指定的字段把数据划分到不同的 Reduce 输出文件中，默认采用 Hash 算法。对于 Distribute By 分区排序，一定要多分配 Reduce 进行处理，否则无法看到 Distribute By 分区排序的效果。Hive 要求 Distribute By 语句写在 Sort By 语句之前。

Distribute By 和 Sort By 的使用场景主要包括：

① Map 输出的文件大小不均；

② Reduce 输出的文件大小不均；

③ 小文件过多；

④ 文件超大。

案例 6-8　Distribute By 分区排序应用

1．先按照部门编号分区，再按照学生编号降序排序

```
hive(hivedwh)>set mapreduce.job.reduces=3;

hive(hivedwh)>insert overwrite local directory '/opt/datas/d_output'
select empno,ename,bday,area,score,deptno
from emp distribute by deptno sort by empno desc;
```

2．查询文件中数据

目录/opt/datas/d_output 中生成 3 个文件，分别为 000000_0、000001_0、000002_0

```
hadoop@SYNU:/opt/datas/d_output$ cat 000000_0

18009183r陆春宇r1998-01-18r沈阳r87.0r300
18009173r孙云琳r1997-07-15r上海r56.0r300
18009087r张矗年r1997-07-26r重庆r86.0r300
18009019r曹雪东r2000-11-20r北京r78.0r300
```

6.5.6　Cluster By 排序

Cluster By 除具有 Distribute By 的功能外，还兼具 Sort By 的功能。当 Distribute By 和 Sort By 字段相同时，可以使用 Cluster By 方式排序。但是只能是升序排序，不能是降序排序。下面两种写法完全等价：

hive(hivedwh)>select empno,ename,bday,area,score,deptno

from emp cluster by deptno;

或

hive(hivedwh)>select empno,ename,bday,area,score,deptno

from emp distribute　by deptno sort by deptno;

注意：按照部门编号分区，不一定就是固定的数值，可以是 200 号和 300 号部门分到一个分区里面。

6.6 抽样查询

当数据量特别大，对全部数据进行处理存在困难时，抽样查询就显得尤其重要了。抽样可以从被抽取的数据中估计和推断出整体的特性。Hive 支持桶表抽样查询、数据块抽样查询和随机抽样查询。

6.6.1 桶表抽样查询

对于非常大的数据集，有时用户需要使用的是一个具有代表性的查询结果而不是全部结果，Hive 可以通过对桶表进行抽样查询来满足这个需求。

桶表抽样语法格式：

TABLESAMPLE(BUCKET x OUT OF y ON col_name | RAND())

Tablesample 语句允许用户编写用于数据抽样而不是整个表的查询，该语句出现在 From 语句中，可用于桶表中。桶表编号从 1 开始，col_name 表明抽取样本的字段，可以是非分区字段中的任意一字段，或者使用随机函数 Rand()表明在整个行中抽取样本而不是单个字段。在 col_name 上桶表的行随机进入 1 到 *y* 个桶中，返回属于桶 *x* 的行。

y 必须是桶表总桶数的倍数或者因子。Hive 根据 *y* 的大小，决定抽样的比例。例如，桶表 test_b 总共分了 4 个桶，当 *y*=2 时，抽取(4/2=)2 个桶的数据；当 *y*=8 时，抽取(4/8=1/2)1/2 个桶的数据。

x 表示从哪个桶开始抽取，如果需要抽取多个桶，以后的桶号为当前桶号加上 *y*。例如，桶表 test_b 的总桶数为 4，Tablesample(bucket 1 out of 2) 表示总共抽取（4/2=2）2 个桶的数据，抽取第 1(*x*)个和第 3(*x*+*y*)个桶的数据。

需要注意的是，*x* 的值必须小于或等于 *y* 的值，否则出现异常。

案例 6-9 桶表抽样查询应用

1. 查询桶表 test_b 中的全部数据

```
hive(hivedwh)>select id,name from test_b;

OK
id   name
108  Ford
104  Linus
105  James
101  Bill
106  Steve
102  Dennis
107  Paul
103  Doug
```

2．查询桶表 test_b 中的数据，抽取桶 1 数据

```
hive(hivedwh)>select id,name
from test_b tablesample(bucket 1 out of 4 on id);

OK
Id   name
108  Ford
104  Linus
```

3．查询桶表 test_b 中的数据，抽取桶 1 和桶 3 数据

```
hive(hivedwh)>select id,name
from test_b tablesample(bucket 1 out of 2 on id);

OK
id  name
108  Ford
104  Linus
106  Steve
102  Dennis
```

4．查询桶表 test_b 中的数据，随机抽取 4 个桶中的数据

```
hive(hivedwh)>select id,name
from test_b tablesample(bucket 1 out of 4 on rand());

OK
id   name
106  Steve
102  Dennis
```

6.6.2　数据块抽样查询

Hive 提供了一种按照抽样百分比进行抽样查询的方式，这是基于行数的、按照输入路径下的数据块百分比进行抽样的。该方式还允许 Hive 随机抽取数据总量的百分比或 *n* 字节的数据及 *n* 行数据。

1．语法格式

SELECT * FROM <Table_Name> TABLESAMPLE(N PERCENT|ByteLengthLiteral|N ROWS);

其中，ByteLengthLiteral 的取值为 (Digit)+ (b | B | k | K| m | M| g | G)，表明数据的单位。

2．按数据块百分比抽样

按数据块百分比抽样允许抽取数据行数大小的至少 *n*%作为输入，支持 CombineHiveInputFormat，而一些特殊的压缩格式是不能够被处理的，如果抽样失败，MapReduce 作业的输入将是整个表。由于在 HDFS 块层级进行抽样，所以抽样粒度为块的大小，例如，如果块大小为 256MB，即使输入的 *n*%仅为 100MB，也会得到 256MB 的数据。例如：

```
hive(hivedwh)>select ename, bday, score
```

```
from emp tablesample(10 percent);

OK
ename   bday          score
王述龙   1998-12-10   98.0
孙宇鹏   1999-11-17   51.0
```

3. 按数据大小抽样

按数据大小抽样方式的最小抽样单元是一个 HDFS 数据块。如果数据大小小于普通的块大小 128MB，那么会返回所有的行。例如：

```
hive(hivedwh)>select ename, bday, score
from emp tablesample(1b);

OK
ename  bday       score
王述龙  1998-12-10     98.0

hive(hivedwh)>select ename, bday, score
from emp tablesample(1k);

OK
ename   bday          score
王述龙   1998-12-10   98.0
孙宇鹏   1999-11-17   51.0
王应龙   2000-02-04   59.0
张琼宇   1999-07-01   89.0
宋传涵   1999-07-20   86.0
李亚楠   1998-01-24   97.0
侯楠楠   2000-01-29   79.0
陈姝元   1999-06-24   96.0
陆春宇   1998-01-18   87.0
孙云琳   1997-07-15   56.0
尤骞梓   1999-04-25   86.0
张爱林   1999-05-16   92.0
曹雪东   2000-11-20   78.0
贾芸梅   2000-06-12   88.0
温勇元   1999-08-08   65.0
张微微   1998-01-27   90.0
李君年   1998-03-21   78.0
卢昱泽   1998-08-01   57.0
赵旭辉   1999-02-18   75.0
张矗年   1997-07-26   86.0
```

4. 按数据行数抽样

这种方式可以根据行数来抽样，但要特别注意的是这里指定的行数，是在每个 InputSplit 中抽样的行数，也就是说，每个 Map 中都抽样 *n* 行。例如：

```
hive(hivedwh)>select ename, bday, score
```

```
from emp tablesample(8 rows);

OK
ename   bday         score
王述龙  1998-12-10   98.0
孙宇鹏  1999-11-17   51.0
王应龙  2000-02-04   59.0
张琼宇  1999-07-01   89.0
宋传涵  1999-07-20   86.0
李亚楠  1998-01-24   97.0
侯楠楠  2000-01-29   79.0
陈姝元  1999-06-24   96.0
```

6.6.3　随机抽样查询

使用 Rand()函数可以进行随机抽样查询，Limit 关键字限制抽样返回的数据条数，其中 Rand()函数前的 Distribute By 和 Sort By 关键字可以保证数据在 Map 和 Reduce 阶段是随机分布的。

例如，随机抽取 emp 表中的 10 条数据：

```
hive(hivedwh)>select empno,ename,bday
from emp distribute by rand() sort by rand() limit 10;

OK
empno     ename  bday
18008158  张琼宇  1999-07-01
18008009  李亚楠  1998-01-24
18008027  陈姝元  1999-06-24
18009183  陆春宇  1998-01-18
18008026  侯楠楠  2000-01-29
18998039  张微微  1998-01-27
18007066  孙宇鹏  1999-11-17
18009019  曹雪东  2000-11-20
18009173  孙云琳  1997-07-15
18998153  贾芸梅  2000-06-12
```

习　题　6

一、选择题

1．对于最小粒度的任务，Hive 查询的反应时间约为（　　）。

A．微妙级　　B．毫秒级别　　C．小时级　　D．秒级或分钟级

2．下面命令中哪个不是 HQL 查询所使用的关键字？（　　）

A．Distribute By　　B．Cluster By　　C．Sorted By　　D．Tablesample

3．下面命令中哪个是 HQL 查询所使用的关键字？（　　）

A．Clustered By　　B．Stored As　　C．Partitioned By　　D．Order By

二、多选题

1．Hive 查询语句和 MySQL 查询语句，在操作和功能上，类似的有（　　）。

A．Group By　　B．Join　　C．Partition　　D．Union

2．从语法上来看，以下语句哪个是正确的？（　　）

A．Select name,code From student Where code = '91876799';

B．Load Data Local Inpath '/datas' Into Table tb4;

C．From student Select name,code Where code = '91876799';

D．From student Where code = '91876799' Select name,code;

3．关于查询语句，下面叙述正确的包括（　　）。

A．HQL 语言对大小写敏感

B．HQL 语句可以写在一行或者多行

C．关键字不能被缩写，也不能分行

D．各子句一般要分行写

4．Hive 常用排序方法有（　　）。

A．Order By　　B．Sorted By　　C．Distribute By　　D．Cluster By

三、判断题

1．Group By 语句通常会和聚合函数一起使用，按照一个或者多个字段进行分组，然后对每个组执行聚合操作。（　　）

A．正确　　B．错误

2．Hive 只支持等值连接、外连接、左半连接。（　　）

A．正确　　B．错误

3．Sort by 和 Order by 是内部排序，会在每个 Reduce 进行排序。（　　）

A．正确　　B．错误

四、简答题

1．比较 Having 语句与 Where 语句的异同。

2．简述笛卡儿积 Join。

3．简述桶表抽样查询。

4．简述数据块抽样查询。

5．简述随机抽样查询。

五、实践题

1．基于 emp 表查询成绩在 90 分以上的学生信息。

2．基于 emp 表查询所有姓王的学生信息。

3．基于 emp 表查询所有 2000 年以后出生的学生信息。

4．设置 Reduce 个数为 4，基于 emp 表按照出生日期降序排序，将查询结果导入文件中，查看每个文件的结果。

5．基于 emp 表数据，按照 empno 字段分桶，创建桶数为 5 的桶表，抽取查询桶表中桶 1 的数据信息。

第 7 章　Hive 函数

Hive 函数分为两类，分别是内置函数和自定义函数，下面分别详细介绍。

7.1　Hive 内置函数

Hive 提供了丰富的内置函数，可供用户直接使用。从功能上分类，内置函数主要包括数值计算函数、聚合函数、日期时间函数、条件函数、字符串处理函数等。从参数和返回值个数分类，内置函数又分为一进一出、多进一出和一进多出函数。对于内置函数，要掌握函数名称、参数的数据类型和个数及返回值的数据类型和个数。

7.1.1　数值计算函数

常用的数值计算函数见表 7-1。

表 7-1　常用的数值计算函数

函数名称	函数语法格式	函数返回值	返回值类型
取整函数	Round(Double a)	返回 Double 类型的整数值部分（遵循四舍五入）	Bigint
指定精度取整	Round(Double a, Int d)	返回指定精度 d 的 Double 类型	Double
向下取整函数	Floor(Double a)	返回小于或等于该 Double 变量的最大的整数	Bigint
向上取整函数	Ceil(Double a)	返回大于或等于该 Double 变量的最小的整数	Bigint
取随机数函数	Rand(), Rand(Int Seed)	返回一个 0～1 内的随机数。如果指定种子 Seed，则会得到一个稳定的随机数序列	Double
幂运算函数	Pow(Double a, Double p)	返回 a 的 p 次幂	Double
开平方函数	Sqrt(Double a)	返回 a 的平方根	Double
绝对值函数	Abs(Double a), Abs(Int a)	返回数值 a 的绝对值	Double, Int
正数函数	Positive(Int a), Positive(Double a)	返回 a	Int, Double
负数函数	Negative(Int a), Negative(Double a)	返回-a	Int, Double
自然指数函数	Exp(double a)	返回 e 的 a 次方	Double
自然对数函数	Ln(Double a)	返回 a 的自然对数	Double
以 10 为底的对数	Log10(Double a)	返回以 10 为底的 a 的对数	Double
以 2 为底的对数	Log2(Double a)	返回以 2 为底的 a 的对数	Double
对数函数	Log(Double Base, Double a)	返回以 Base 为底的 a 的对数	Double
二进制函数	Bin(Bigint a)	返回 a 的二进制代码	String
正取余函数	Pmod(Int a, Int b), Pmod(Double a, Double b)	返回正的 a 除以 b 的余数	Int, Double

续表

函数名称	函数语法格式	函数返回值	返回值类型
正弦函数	Sin(Double a)	返回 a 的正弦值	Double
反正弦函数	Asin(Double a)	返回 a 的反正弦值	Double
余弦函数	Cos(Double a)	返回 a 的余弦值	Double
反余弦函数	Acos(Double a)	返回 a 的反余弦值	Double

7.1.2 聚合函数

常用的聚合函数见表 7-2。

表 7-2 常用的聚合函数

函数名称	函数语法格式	函数返回值	返回值类型
总行数函数	Count(*)	返回行的个数，包括 Null 值的行	Int
	Count(Expr)	返回指定字段的非空值行的个数	
	Count(Distinct Expr[, Expr_.])	返回指定字段的不同的非空值行的个数	
总和函数	Sum(Col)	返回结果集中 Col 的相加的结果	Double
	Sum(Distinct Col)	返回结果集中 Col 不同值相加的结果	
平均值函数	Avg(Col)	返回结果集中 Col 的平均值	Double
	Avg(Distinct Col)	返回结果集中 Col 不同值相加的平均值	
最小值函数	Min(Col)	返回结果集中 Col 字段的最小值	Double
最大值函数	Max(Col)	返回结果集中 Col 字段的最大值	Double
中位数函数	Percentile(Bigint Col, p)	返回第 p 个百分位数，p 必须介于 0～1 之间，Col 字段只支持整数，不支持浮点数	Double

案例 7-1 基本查询和聚合计算

1. 需求

对已经创建的 emp 表进行简单查询和聚合计算。

2. 数据准备

数据已经存放在 HDFS 目录/user/hive/warehouse/hivedwh.db/emp/emp.txt 下。

3. Hive 实例操作

（1）统计总行数（count）

```
hive(hivedwh)>select count(*) cnt from emp;

OK
cnt
20
```

（2）统计最好成绩（max）

```
hive(hivedwh)>select max(score) max_score from emp;
```

```
OK
max_score
98.0
```

（3）统计最低成绩（min）

```
hive(hivedwh)>select min(score) min_score from emp;

OK
min_score
51.0
```

（4）统计成绩的总和（sum）

```
hive(hivedwh)>select sum(score) sum_score from emp;

OK
sum_score
1593.0
```

（5）统计成绩的平均值（avg）

```
hive(hivedwh)>select avg(score) avg_score from emp;

OK
avg_score
79.65
```

7.1.3　日期时间函数

常用的日期时间函数见表 7-3。

表 7-3　常用的日期时间函数

函数名称	函数语法格式	函数返回值	返回值类型
UNIX 时间戳转日期函数	From_UnixTime(Bigint UnixTime[, String Format])	转换 UNIX 时间戳（从 1970-01-01 00:00:00 UTC 到指定时间的秒数）到当前时区的时间	String
获取当前 UNIX 时间戳函数	Unix_TimeStamp()	获得当前时区的 UNIX 时间戳	Bigint
日期转 UNIX 时间戳函数	Unix_TimeStamp(String Date)	转换格式为"YYYY-MM-DD HH:MM:SS"的日期到 UNIX 时间戳	Bigint
指定格式日期转 UNIX 时间戳函数	Unix_TimeStamp(String Date, String Pattern)	转换 Pattern 格式的日期到 UNIX 时间戳	Bigint
时间戳转日期函数	To_Date(String TimeStamp)	返回日期时间字段中的日期部分	String
日期转年函数	Year(String Date)	返回日期中的年	Int
日期转月函数	Month (String Date)	返回日期中的月份	Int
日期转天函数	Day (String Date)	返回日期中的天	Int
日期转小时函数	Hour (String Date)	返回日期中的小时	Int

续表

函数名称	函数语法格式	函数返回值	返回值类型
日期转分钟函数	Minute (String Date)	返回日期中的分钟	Int
日期转秒函数	Second (String Date)	返回日期中的秒	Int
日期比较函数	DateDiff(String enddate, String startdate)	返回结束日期减去开始日期的天数	Int
日期增加函数	Date_Add(String startdate, Int days)	返回开始日期 startdate 增加 days 天后的日期	String
日期减少函数	Date_Sub (String startdate, Int days)	返回开始日期 startdate 减少 days 天后的日期	String

案例 7-2　日期时间函数应用

1．需求

将当前时间戳数据插入 Hive 表中并查询。

2．数据准备

数据由相关函数获取。

3．Hive 实例操作

（1）创建一个简单的测试表

```
hive(hivedwh)>create table date_test(
 id int,
 create_date int,
 create_date_str string);
```

（2）获取当前时间戳数据

```
hive(hivedwh)>select unix_timestamp() utimestamp,
from_unixtime(unix_timestamp(),'yyyy-mm-dd hh:mm:ss')  dates;

OK
utimestamp    dates
1610777123    2021-01-16 02:05:23
```

（3）将获取的当前时间戳数据插入表中

```
hive(hivedwh)>insert into date_test
values(1, 1610777123, '2021-01-16 02:05:23');
```

（4）查询 date_test 表中数据

```
hive(hivedwh)>select id,create_date_str,from_unixtime(create_date)
create_date  from date_test;

OK
id  create_date_str create_date
1  2021-01-16 02:05:23 2021-01-16 14:05:23
```

7.1.4　条件函数

常用的条件函数见表 7-4。

表 7-4　常用的条件函数

函数名称	函数语法格式	函数返回值	返回值类型
If 函数	If(Boolean testCondition, T valueTrue, T valueFalseOrNull)	当条件 testCondition 为 True 时，返回 valueTrue；否则返回 valueFalseOrNull	T
非空查找函数	Coalesce(T v1, T v2,…)	返回参数中的第一个非空值；如果所有值都为 Null，那么返回 Null	T
条件判断函数	Case a When b Then c [When d Then e]* [Else f] End	如果 a 等于 b，那么返回 c；如果 a 等于 d，那么返回 e；否则返回 f	T
条件判断函数	Case When a Then b [When c Then d]* [Else e] End	如果 a 为 True，则返回 b；如果 c 为 True，则返回 d；否则返回 e	T

案例 7-3　Case…When…Then 应用

1．需求

根据 emp 表中数据求出不同部门男女各多少人。

2．数据准备

数据已经存放在 HDFS 目录/user/hive/warehouse/hivedwh.db/emp/emp.txt 下。

3．Hive 实例操作

按需求查询数据：

```
hive(hivedwh)>select
  deptno,
  sum(case gender when '男' then 1 else 0 end) male_c,
  sum(case gender when '女' then 1 else 0 end) female_c
from   emp
group by  deptno;

OK
deptno male_c female_c
200     1       4
500     4       1
300     3       1
100     2       1
400     1       2
```

7.1.5　字符串处理函数

常用的字符串处理函数见表 7-5。

表 7-5　常用的字符串处理函数

函数名称	函数语法格式	函数返回值	返回值类型
字符串长度函数	Length(String A)	返回字符串 A 的长度	Int
字符串反转函数	Reverse(String A)	返回字符串 A 的反转结果	String

续表

函数名称	函数语法格式	函数返回值	返回值类型
字符串连接函数	Concat(String A, String B…)	返回输入字符串连接后的结果，支持任意个输入字符串	String
带分隔符字符串连接函数	Concat_Ws(String sep, String A, String B…)	返回输入字符串连接后的结果，sep 表示各个字符串间的分隔符	String
字符串截取函数	SubString(String A, Int start)	返回字符串 A 从 start 位置到结尾的字符串	String
字符串截取函数	SubStr(String A, Int start, Int len), SubString(String A, Int start, Int len)	返回字符串 A 从 start 位置开始，长度为 len 的字符串	String
字符串转大写函数	Upper(String A), Ucase(String A)	返回字符串 A 的大写格式	String
字符串转小写函数	Lower(String A), Lcase(String A)	返回字符串 A 的小写格式	String
去空格函数	Trim(String A)	去除字符串两边的空格	String
左边去空格函数	Ltrim(String A)	去除字符串左边的空格	String
右边去空格函数	Rtrim(String A)	去除字符串右边的空格	String
URL 解析函数	Parse_Url(String urlString, String partToExtract [, String keyToExtract])	返回 URL 中指定的部分。partToExtract 的取值为 host、path、query、ref、protocol、authority、file 和 userinfo	String
Json 解析函数	Get_Json_Object(String json_string, String path)	解析 Json 的字符串 json_string，返回 path 指定的内容。如果输入的 Json 字符串无效，那么返回 Null	String
空格字符串函数	Space(Int n)	返回长度为 *n* 的字符串	String
重复字符串函数	Repeat(String str, Int n)	返回重复 *n* 次后的 str 字符串	String
首字符 ASCII 函数	Ascii(String str)	返回字符串 str 第一个字符的 ASCII 码	Int
左补足函数	Lpad(String str, Int len, String pad)	将 str 用 pad 进行左补足到 len 位	String
右补足函数	Rpad(String str, Int len, String pad)	将 str 用 pad 进行右补足到 len 位	String
分割字符串函数	Split(String str, String pat)	按照 pat 字符串分割 str，返回分割后的字符串数组	Array
集合查找函数	Find_In_Set(String str, String strList)	返回 str 在 strList 第一次出现的位置，strList 是用逗号分隔的字符串。如果没有找到 str，则返回 0	Int
去重汇总函数	Collect_Set(col)	函数只接受基本数据类型。返回将某字段的值进行去重汇总	Array

案例 7-4　行转列

1. 需求

根据 emp 表数据把地区和性别一样的学生归类到一起，结果如下：

```
OK
t1.base    name
北京,女    陈姝元|张微微
沈阳,男    孙宇鹏|王应龙|陆春宇
上海,女    宋传涵|孙云琳|卢昱泽
```

```
北京,男      侯楠楠|张爱林|曹雪东|赵旭辉
上海,男      王述龙|温勇元|李君年
大连,女      张琼宇|贾芸梅
杭州,女      李亚楠|尤骞梓
重庆,男      张矗年
```

2. 数据准备

数据已经存放在 HDFS 目录/user/hive/warehouse/hivedwh.db/emp/emp.txt 下。

3. Hive 实例操作

（1）两个字段 area、gender 用“,”逗号连接

```
hive(hivedwh)>select  ename, concat(area, ",", gender) base
from  emp;

OK
enamebase
王述龙  上海,男
孙宇鹏  沈阳,男
王应龙  沈阳,男
张琼宇  大连,女
宋传涵  上海,女
李亚楠  杭州,女
侯楠楠  北京,男
陈姝元  北京,女
陆春宇  沈阳,男
孙云琳  上海,女
尤骞梓  杭州,女
张爱林  北京,男
曹雪东  北京,男
贾芸梅  大连,女
温勇元  上海,男
张微微  北京,女
李君年  上海,男
卢昱泽  上海,女
赵旭辉  北京,男
张矗年  重庆,男
```

（2）对 ename 字段进行汇总，对 base 进行去重

```
hive(hivedwh)>select
    t1.base,
    concat_ws('|', collect_set(t1.ename)) name
from
    (select
        ename,
        concat(area, ",", gender) base
    from
        emp) t1
group by
```

```
    t1.base;
```

7.1.6 内置函数查看命令

1．查看系统所有内置函数

```
hive(hivedwh)>show functions;
```

2．显示单个内置函数的用法

```
hive(hivedwh)>desc function function_name;
```

3．详细显示内置函数的用法

```
hive(hivedwh)>desc function extended function_name;
```

7.2 其他常用函数

7.2.1 空字段赋值函数

NVL 函数给字段值为 Null 的数据赋值，它的语法格式为：

NVL(string, replace_with)

其功能是：如果 string 为 Null，则 NVL()函数返回 replace_with 的值，否则返回 string 的值；如果两个参数都为 Null，则返回 Null。coalesce(string, replace_with)函数的功能和 NVL()函数完全一样。

案例 7-5 NVL()函数的应用

1．需求

学生表 emp 中的 scholarship 字段值为 Null 时，用不同数据替代。

2．数据准备

采用之前使用的学生表 emp。

3．Hive 实例操作

（1）如果 emp 表的 scholarship 字段值为 Null，则用-1 或 0 替代

```
    hive(hivedwh)>select empno,bday,score,nvl(scholarship,-1) as c_nvl,
coalesce(scholarship,0) as c_coal from emp;

    OK
    empno       bday          score   c_nvl     c_coal
    18999065    1998-12-10    98.0    2000.0    2000.0
    18007066    1999-11-17    51.0    -1.0         0.0
    18999141    2000-02-04    59.0    -1.0         0.0
    18008158    1999-07-01    89.0    -1.0         0.0
    18999063    1999-07-20    86.0    1000.0    1000.0
    18008009    1998-01-24    97.0    2000.0    2000.0
    18008026    2000-01-29    79.0    -1.0         0.0
```

```
18008027  1999-06-24    96.0   1500.0   1500.0
18009183  1998-01-18    87.0   1000.0   1000.0
18009173  1997-07-15    56.0   -1.0        0.0
18008014  1999-04-25    86.0   1000.0   1000.0
18998002  1999-05-16    92.0   1500.0   1500.0
18009019  2000-11-20    78.0   -1.0        0.0
18998153  2000-06-12    88.0   1000.0   1000.0
18007051  1999-08-08    65.0   -1.0        0.0
18998039  1998-01-27    91.0   1500.0   1500.0
18007063  1998-03-21    78.0   -1.0        0.0
18007095  1998-08-01    57.0   -1.0        0.0
18007096  1999-02-18    75.0   -1.0        0.0
18009087  1997-07-26    86.0   1000.0   1000.0
```

（2）如果 emp 表的 scholarship 字段值为 Null，则用字段 gender 或 ename 的值替代

```
hive(hivedwh)>select empno,ename,score,nvl(scholarship,gender) as c_nvl,
coalesce(scholarship,ename) as c_coal from emp;

OK
empno      ename   score      c_nvl    c_coal
18999065   王述龙   98.0       2000.0   2000.0
18007066   孙宇鹏   51.0       男       孙宇鹏
18999141   王应龙   59.0       男       王应龙
18008158   张琼宇   89.0       女       张琼宇
18999063   宋传涵   86.0       1000.0   1000.0
18008009   李亚楠   97.0       2000.0   2000.0
18008026   侯楠楠   79.0       男       侯楠楠
18008027   陈姝元   96.0       1500.0   1500.0
18009183   陆春宇   87.0       1000.0   1000.0
18009173   孙云琳   56.0       女       孙云琳
18008014   尤骞梓   86.0       1000.0   1000.0
18998002   张爱林   92.0       1500.0   1500.0
18009019   曹雪东   78.0       男       曹雪东
18998153   贾芸梅   88.0       1000.0   1000.0
18007051   温勇元   65.0       男       温勇元
18998039   张微微   90.0       1500.0   1500.0
18007063   李君年   78.0       男       李君年
18007095   卢昱泽   57.0       女       卢昱泽
18007096   赵旭辉   75.0       男       赵旭辉
18009087   张矗年   86.0       1000.0   1000.0
```

7.2.2　列转行函数

Hive 中的表分析函数接受零个或多个输入，然后产生多列或多行输出，Explode()函数就是表分析函数。

Explode()函数以复杂数据类型 Array 或 Map 为输入，对数组中的数据进行拆分，返回多行结果，一行一个数组元素值。Explode()函数只是生成了一种数据的展示方式，而无法在表中产生一个其他的列，因此还需要使用 LATERAL VIEW 来进行处理。

Explode()函数的语法格式：

LATERAL VIEW EXPLODE(col)　subView　AS　sub

在这里 LATERAL VIEW 是将 Explode 的结果转换成一个视图 subView，在视图中的单列列名定义为 sub，然后在查询时引用这个列名就能够查到。

案例 7-6　列转行

1. 需求

将表 7-6 中电影分类字段 category 中的数组数据展开一列，结果如下：

```
疑犯追踪        悬疑
疑犯追踪        动作
疑犯追踪        科幻
疑犯追踪        剧情
Lie to me       悬疑
Lie to me       警匪
Lie to me       动作
Lie to me       心理
Lie to me       剧情
特种部队        战争
特种部队        动作
特种部队        灾难
```

2. 数据准备

movie 表中数据见表 7-6。

表 7-6　movie 表中数据

movie	category
疑犯追踪	悬疑，动作，科幻，剧情
Lie to me	悬疑，警匪，动作，心理，剧情
特种部队	战争，动作，灾难

3. Hive 实例操作

（1）创建本地 movie.txt 文件，导入数据

```
hadoop@SYNU:/opt/datas$ vim movie.txt
疑犯追踪        悬疑,动作,科幻,剧情
Lie to me       悬疑,警匪,动作,心理,剧情
特种部队        战争,动作,灾难
```

（2）创建 Hive 表 movie，并导入数据

```
hive(hivedwh)>create table movie(
    movie string,
    category array<string>)
row format delimited fields terminated by "\t"
collection items terminated by ",";

load data local inpath "/opt/datas/movie.txt" into table movie;
```

（3）按需求查询数据

```
hive(hivedwh)>select  movie, category_name
from  movie lateral view explode(category) subView as category_name;
```

案例 7-7　统计单词出现次数

1．需求

统计文件 hive-wc.txt 中英文单词出现的次数，结果如下：

```
hadoop     2
hdfs       1
hello      4
hive       2
java       1
mapreduce      1
yarn       1
```

2．数据准备

文件 hive-wc.txt 中的数据如下：

```
hello,hadoop,hdfs,yarn
hello,mapreduce,hive
hello,hadoop,hive
hello,java
```

3．Hive 实例操作

（1）创建本地文件 hive-wc.txt，导入数据

```
hadoop@SYNU:/opt/datas$ vim hive-wc.txt
```

（2）创建 Hive 表并导入数据

```
hive(hivedwh)>create table hive_wc(sentence string)
row format delimited fields terminated by "\t";

load data local inpath "/opt/datas/hive-wc.txt" into table hive_wc;
```

（3）按“,”分隔字符串得到数据

```
hive(hivedwh)>select split(sentence,',') from hive_wc;

OK
c0
["hello","hadoop","hdfs","yarn"]
["hello","mapreduce","hive"]
["hello","hadoop","hive"]
["hello","java"]
```

（4）使用 Explode()函数列转行

```
hive(hivedwh)>select explode(split(sentence,','))
from hive_wc;
```

```
OK
col
hello
hadoop
hdfs
yarn
hello
mapreduce
hive
hello
hadoop
hive
hello
java
```

（5）统计单词出现次数

```
hive(hivedwh)>select word,count(1)
from (select explode(split(sentence,',')) as word
from hive_wc) t
group by word;

OK
word_c1
hadoop 2
hdfs      1
hello     4
hive      2
java      1
mapreduce     1
yarn      1
```

7.2.3 窗口函数

Hive 聚合函数将多行数据按照规则聚合为一行，一般来讲，聚合后的行数是要少于聚合前的行数的。但是有时需要既显示聚合前的数据，又要显示聚合后的数据，这时便引入了窗口函数。

窗口函数 Over()用于计算基于组的某种聚合值。它和聚合函数的不同之处在于，对于每个组返回多行，而聚合函数对于每个组只返回一行。窗口函数 Over()和聚合函数一起使用，并且放在聚合函数的后面。

窗口函数 Over()指定数据窗口大小，这个数据窗口大小会随着行的变化而变化。

窗口函数 Over()可以带的参数除 Partition By 语句、Order By 语句和 Distribute By 语句外，还可以带如下几个参数，这些参数决定了窗口的大小。

- Current Row：当前行。
- n Preceding：往前移动 *n* 行数据。
- n Following：往后移动 *n* 行数据。

- Unbounded：起点。
- Unbounded Preceding：表示从前面的起点。
- Unbounded Following：表示到后面的终点。

窗口函数 Over()使用窗口规范，窗口规范支持以下格式：

- (Rows | Range) Between (Unbounded | [n]) Preceding and ([n] Preceding | Current Row | (Unbounded | [n]) Following)
- (Rows | Range) Between Current Row and (Current Row | (Unbounded | [n]) Following)
- (Rows | Range) Between [n] Following and (Unbounded | [n]) Following

Partition By 语句也可以称为查询分区语句，非常类似于 Group By 语句，都是将数据按照边界值分组的，而 Over 之前的聚合函数在每个分组之内进行，如果超出了分组，则函数会重新计算。Partition By 语句使用一个或者多个原始数据类型的列。

Order By 语句会让输入的数据强制排序（窗口函数是 HQL 语句最后执行的函数，因此可以把 HQL 结果集想象成输入数据）。Partition By 与 Order By 语句使用一个或者多个数据类型的分区或者排序列。

Lag()和 Lead()函数也是常用的窗口函数，可以返回上、下数据行的数据。

函数 Lag(col,n,default)用于统计窗口内往上移动第 *n* 行数据。第一个参数为字段名，第二个参数为往上第 *n* 行（可选，默认为 1），第三个参数为默认值（当往上第 *n* 行为 Null 时，取默认值，如不指定，则为 Null）。

函数 Lead(col,n, default)用于统计窗口内往下移动第 *n* 行数据。第一个参数为字段名，第二个参数为往下第 *n* 行（可选，默认为 1），第三个参数为默认值（当往下第 *n* 行为 Null 时，取默认值，如不指定，则为 Null）。

窗口函数 Ntile(n)把有序的数据集合平均分配到指定数量的 *n* 个切片分组中，将切片号分配给每一行。如果不能平均分配，则优先分配较小编号的切片，并且各个切片中能放的行数最多相差 1。然后根据切片号，选取前或后 *n* 分之几的数据。这里 *n* 必须为 Int 类型。

案例 7-8　窗口函数应用

1. 需求

（1）查询在 2021 年 4 月份购买过的顾客及总人数。

（2）查询顾客的购买明细及月购买总额。

（3）查询顾客的购买明细及月购买总额，并将 cost 按照日期进行累加。

（4）查询顾客上次的购买时间。

（5）查询前 25%时间的订单信息。

（6）其他切片信息。

2. 数据准备*

共有 3 个字段：name、paydate、cost。

```
Linus,2021-04-07,56
```

* 数据来源：http://www.atguigu.com。

```
Linus,2021-04-11,58
Allen,2021-05-09,22
Linus,2021-04-10,55
Allen,2021-06-11,70
Linus,2021-07-22,89
James,2021-02-01,18
Steve,2021-01-12,11
James,2021-02-03,23
Steve,2021-01-14,21
James,2021-01-05,46
James,2021-04-16,42
Steve,2021-03-07,58
James,2021-01-08,55
Linus,2021-04-08,66
Linus,2021-04-12,68
Allen,2021-05-10,12
Linus,2021-04-11,65
Allen,2021-06-12,80
Linus,2021-07-23,99
```

3. Hive 实例操作

（1）创建本地文件 payment.txt，并导入数据

```
hadoop@SYNU:/opt/datas$ vim payment.txt
```

（2）创建 Hive 表 payment 并导入数据

```
hive(hivedwh)>create table payment(
name string,
paydate string,
cost int)
row format delimited fields terminated by ',';

load data local inpath "/opt/datas/payment.txt" into table payment;
```

（3）按需求查询数据

① 查询在 2021 年 4 月份购买过的顾客及总人数

```
hive(hivedwh)>select name,count(*) over ()
from payment
where substring(paydate,1,7) = '2021-04'
group by name;

OK
name c    1
Linu s    2
Jame s    2
```

② 查询顾客的购买明细及月购买总额

```
hive(hivedwh)>select name,paydate,cost,sum(cost) over()
from  payment;
```

```
select name,paydate,cost,sum(cost) over(partition by month(paydate))
from payment;

select name,paydate,cost,sum(cost) over(distribute by month(paydate))
from payment;

OK
name   paydate      cost   c3
James  2021-02-03   23     41
James  2021-02-01   18     41
Allen  2021-05-10   12     34
Allen  2021-05-09   22     34
Steve  2021-03-07   58     58
Allen  2021-06-12   80     150
Allen  2021-06-11   70     150
James  2021-01-05   46     133
Steve  2021-01-14   21     133
Steve  2021-01-12   11     133
James  2021-01-08   55     133
Linus  2021-04-07   56     410
Linus  2021-04-11   65     410
Linus  2021-04-12   68     410
Linus  2021-04-08   66     410
James  2021-04-16   42     410
Linus  2021-04-10   55     410
Linus  2021-04-11   58     410
Linus  2021-07-22   89     188
Linus  2021-07-23   99     188
```

③ 查询顾客的购买明细及月购买总额，并将 cost 按照日期进行累加

```
hive(hivedwh)>select name,paydate,cost,
sum(cost) over() as s1,--所有行相加
sum(cost) over(partition by name) as s2,--按name分组，组内数据相加
sum(cost) over(partition by name order by paydate) as s3,--按name分组，组内数据累加
sum(cost) over(partition by name order by paydate rows between unbounded preceding and current row) as s4 ,--和s3一样,由起点到当前行的聚合
sum(cost) over(partition by name order by paydate rows between 1 preceding and current row) as s5, --当前行和前面一行进行聚合
sum(cost) over(partition by name order by paydate rows between 1 preceding and 1 following) as s6,--当前行和前边一行及后面一行
sum(cost) over(partition by name order by paydate rows between current row and unbounded following) as s7 --当前行及后面所有行
from payment;

OK
name   paydate      cost   s1    s2    s3   s4   s5   s6   s7
```

```
Allen  2021-05-09   22     1014  184   22   22   22   34    184
Allen  2021-05-10   12     1014  184   34   34   34   104   162
Allen  2021-06-11   70     1014  184   104  104  82   162   150
Allen  2021-06-12   80     1014  184   184  184  150  150   80
Steve  2021-01-12   11     1014  9011  11   11   32   90
Steve  2021-01-14   21     1014  9032  32   32   90   79
Steve  2021-03-07   58     1014  9090  90   79   79   58
James  2021-01-05   46     1014  184   46   46   46   101   184
James  2021-01-08   55     1014  184   101  101  101  119   138
James  2021-02-01   18     1014  184   119  119  73   96    83
James  2021-02-03   23     1014  184   142  142  41   83    65
James  2021-04-16   42     1014  184   184  184  65   65    42
Linus  2021-04-07   56     1014  556   56   56   56   122   556
Linus  2021-04-08   66     1014  556   122  122  122  177   500
Linus  2021-04-10   55     1014  556   177  177  121  179   434
Linus  2021-04-11   58     1014  556   300  235  113  178   379
Linus  2021-04-11   65     1014  556   300  300  123  191   321
Linus  2021-04-12   68     1014  556   368  368  133  222   256
Linus  2021-07-22   89     1014  556   457  457  157  256   188
Linus  2021-07-23   99     1014  556   556  556  188  188   99
```

④ 查看顾客上次的购买时间

```
hive(hivedwh)>select name,paydate,cost,
lag(paydate,1,'1900-01-01') over(partition by name order by paydate ) as time1,
lag(paydate,2) over (partition by name order by paydate) as time2
from payment;

OK
name   paydate      cost   time1        time2
Allen  2021-05-09   22     1900-01-01   NULL
Allen  2021-05-10   12     2021-05-09   NULL
Allen  2021-06-11   70     2021-05-10   2021-05-09
Allen  2021-06-12   80     2021-06-11   2021-05-10
Steve  2021-01-12   11     1900-01-01   NULL
Steve  2021-01-14   21     2021-01-12   NULL
Steve  2021-03-07   58     2021-01-14   2021-01-12
James  2021-01-05   46     1900-01-01   NULL
James  2021-01-08   55     2021-01-05   NULL
James  2021-02-01   18     2021-01-08   2021-01-05
James  2021-02-03   23     2021-02-01   2021-01-08
James  2021-04-16   42     2021-02-03   2021-02-01
Linus  2021-04-07   56     1900-01-01   NULL
Linus  2021-04-08   66     2021-04-07   NULL
Linus  2021-04-10   55     2021-04-08   2021-04-07
Linus  2021-04-11   65     2021-04-10   2021-04-08
Linus  2021-04-11   58     2021-04-11   2021-04-10
Linus  2021-04-12   68     2021-04-11   2021-04-11
```

```
Linus  2021-07-22    89      2021-04-12   2021-04-11
Linus  2021-07-23    99      2021-07-22   2021-04-12
```

⑤ 查询前 25%时间的订单信息

```
hive(hivedwh)>select * from (
    select name,paydate,cost,ntile(4) over(order by paydate) sorted
    from payment
) t
where sorted = 1;

OK
t.name     t.paydate     t.cost t.sorted
James      2021-01-05    46      1
James      2021-01-08    55      1
Steve      2021-01-12    11      1
Steve      2021-01-14    21      1
James      2021-02-01    18      1
```

⑥ 其他切片信息

```
hive(hivedwh)>select
name,paydate,cost,
ntile(2) over(partition by name order by paydate) as rn1,
--分组内将数据分成2片
ntile(3) over(partition by name order by paydate) as rn2,
--分组内将数据分成2片
ntile(4) over(order by paydate) as rn3, --消费时间前25%
ntile(5) over(partition by name order by cost desc) as rn4 --消费额前20%
from payment order by name, paydate;

OK
name   paydate       cost   rn1 rn2  rn3 rn4
Allen  2021-05-09    22     1   1    3   3
Allen  2021-05-10    12     1   1    4   4
Allen  2021-06-11    70     2   2    4   2
Allen  2021-06-12    80     2   3    4   1
James  2021-01-05    46     1   1    1   2
James  2021-01-08    55     1   1    1   1
James  2021-02-01    18     1   2    1   5
James  2021-02-03    23     2   2    2   4
James  2021-04-16    42     2   3    3   3
Linus  2021-04-07    56     1   1    2   4
Linus  2021-04-08    66     1   1    2   2
Linus  2021-04-10    55     1   1    2   5
Linus  2021-04-11    65     1   2    3   3
Linus  2021-04-11    58     2   2    3   3
Linus  2021-04-12    68     2   2    3   2
Linus  2021-07-22    89     2   3    4   1
```

```
Linus  2021-07-23    99      2  3     4   1
Steve  2021-01-12    11      1  1     1   3
Steve  2021-01-14    21      1  2     1   2
Steve  2021-03-07    58      2  3     2   1
```

7.2.4 排序函数

Hive 常用的排序函数包括 Rank()、Dense_Rank()和 Row_Number()。排序函数与上节介绍的窗口函数一起使用，并放在窗口函数的前面，生成一定的排序结果。

函数 Rank()排序相同时会重复，总数不会变。也就是说，Rank()函数是进行跳跃排序的，Rank()函数生成的序号有可能不连续。例如，有两个第二名时接下来就是第四名。

函数 Dense_Rank()排序相同时会重复，总数会减少。也就是说，Dense_Rank()函数是进行连续排序的，即生成的序号是连续的。例如，有两个第二名时仍然跟着第三名。

函数 Rank()和函数 Dense_Rank()的区别在于排名相等时会不会留下空位。

函数 Row_Number()先使用函数 Over()中的排序语句对记录进行排序，从 1 开始，按照顺序，生成分组内记录的序列。函数 Row_Number()的值不会重复，当排序的值相同时，按照表中记录的顺序进行排序。

案例 7-9　排序函数应用

1．需求

计算每门课程成绩排名。

2．数据准备

score 表数据见表 7-7。

表 7-7　score 表数据

name	course	score
Steve	语文	67
Steve	数学	98
Steve	外语	68
Steve	物理	78
Doug	语文	94
Doug	数学	56
Doug	外语	88
Doug	物理	98
Linus	语文	64
Linus	数学	86
Linus	外语	88
Linus	物理	98
Kelly	语文	65
Kelly	数学	86
Kelly	外语	78
Kelly	物理	88

3．Hive 实例操作

（1）创建本地文件 score.txt，导入数据

```
hadoop@SYNU:/opt/datas$ vim score.txt

Steve   语文   67
Steve   数学   98
Steve   外语   68
Steve   物理   78
Doug    语文   94
Doug    数学   56
Doug    外语   88
Doug    物理   98
Linus   语文   64
Linus   数学   86
Linus   外语   88
Linus   物理   98
Kelly   语文   65
Kelly   数学   86
Kelly   外语   78
Kelly   物理   88
```

（2）创建 Hive 表 score 并导入数据

```
hive(hivedwh)>create table score(
name string,
course string,
score int)
row format delimited fields terminated by "\t";

load data local inpath '/opt/datas/score.txt' into table score;
```

（3）按需求查询数据

```
hive(hivedwh)>select name, course, score,
rank() over(partition by course order by score desc) rk,
dense_rank() over(partition by course order by score desc) dr,
row_number() over(partition by course order by score desc) rn
from score;

OK
name    course    score  rk  dr  rn
Doug    语文       94     1   1   1
Steve   语文       67     2   2   2
Kelly   语文       65     3   3   3
Linus   语文       64     4   4   4
Linus   外语       88     1   1   1
Doug    外语       88     1   1   2
Kelly   外语       78     3   2   3
Steve   外语       68     4   3   4
```

```
Steve   数学     98     1  1  1
Kelly   数学     86     2  2  2
Linus   数学     86     2  2  3
Doug    数学     56     4  3  4
Linus   物理     98     1  1  1
Doug    物理     98     1  1  2
Kelly   物理     88     3  2  3
Steve   物理     78     4  3  4
```

7.3 自定义函数

Hive 自带了很多内置函数。当 Hive 提供的内置函数无法满足业务处理需求时，就可以考虑用户自己定义函数。

用户自定义函数类别分为以下 3 种。

- UDF（User-Defined Function）函数，支持单行输入单行输出。
- UDTF（User-Defined Table-Generating Function）函数，支持单行输入多行输出。
- UDAF（User-Defined Aggregation Function）函数，用户自定义聚合函数，支持多行输入单行输出。

7.3.1 UDF 函数

UDF 函数接受单行输入，并产生单行输出。

Hive 只支持 Java 编写的 UDF 函数，UDF 函数编程步骤如下：

Step 1：继承 org.apache.hadoop.hive.ql.UDF 类。

Step 2：重写实现父类 UDF 的 evaluate 方法。

Step 3：导出 JAR 包到指定目录。

Step 4：在 Hive 的命令行窗口创建函数。

（1）添加 JAR 文件

添加 JAR 文件到类路径下：

```
add jar linux_jar_path;
```

（2）创建函数

```
create [temporary] function [dbname.]function_name AS class_name;
```

Step 5：在 Hive 的命令行窗口删除函数。

```
Drop [temporary] function [if exists] [dbname.]function_name;
```

需要注意的是，UDF 函数必须要有返回类型，可以返回 Null，但是返回类型不能为 Void。

案例 7-10 UDF 函数应用

1. 需求

自定义一个函数，能够将字符串字段全部转化为大写字母。

2. 数据准备

使用前面的 test 表及数据。

3. Hive 实例操作

（1）创建一个 Maven 工程 Hive

groupId 为 com.synu.hive，artifactId 为 hiveUDF。

（2）导入依赖

```
<dependencies>
        <!-- https://mvnrepository.com/artifact/org.apache.hive/hive-exec -->
        <dependency>
            <groupId>org.apache.hive</groupId>
            <artifactId>hive-exec</artifactId>
            <version>2.1.0</version>
        </dependency>
</dependencies>
```

（3）创建一个 Java 类 Hive_UDF

```
package hiveUDF;

import org.apache.hadoop.hive.ql.exec.UDF;

public class Hive_UDF extends UDF {

    public String evaluate (final String s) {

        if (s == null) {
            return null;
        }

        return s.toUpperCase();
    }
}
```

（4）打成 JAR 包，更名并移动存放在/opt/datas/目录下

```
hadoop@SYNU:/opt/datas$ mv
/home/hadoop/workspace/hiveUDF/target/hiveUDF-0.0.1-SNAPSHOT.
jar  /opt/datas/hiveudf.jar
```

（5）将 JAR 包添加到 Hive 的 classpath

```
hive(hivedwh)>add jar /opt/datas/hiveudf.jar;

Added [/opt/datas/hiveudf.jar] to class path
Added resources: [/opt/datas/hiveudf.jar]
```

（6）创建自定义函数 myUpper

```
hive(hivedwh)>create temporary function myUpper as
"hiveUDF.Hive_UDF";
```

（7）使用自定义函数 myUpper 查询表 test 的数据

```
hive(hivedwh)>select id, name, myUpper(name) uppername from test;
```

```
OK
id      name      uppername
101     Bill      BILL
102     Dennis    DENNIS
103     Doug      DOUG
104     Linus     LINUS
105     James     JAMES
106     Steve     STEVE
107     Paul      PAUL
108     Ford      FORD
```

（8）在 Hive 的命令行窗口删除函数

```
hive(hivedwh)>drop temporary function [if exists]
[dbname.]function_name;
```

7.3.2 UDTF 函数

UDTF 函数用来解决输入一行输出多行的需求。

编写 UDTF 函数需要继承 org.apache.hadoop.hive.ql.udf.generic.GenericUDTF 类，并实现 initialize()、process()、close()三个方法。UDTF 函数首先会调用 initialize()方法，此方法返回 UDTF 函数的返回行的信息（返回个数、类型）。初始化完成后，会调用 process()方法，真正的处理过程在 process()方法中。在 process()方法中，每次 forward()调用产生一行；如果产生多列，可以将多个列的值放在一个数组中，然后将该数组传入 forward()。最后调用 close()方法，对需要清理的数据进行清理。

UDTF 函数有两种使用方法，一种是直接放到 Select 后面使用，另一种是和 Lateral View 一起使用。

案例 7-11　UDTF 函数应用

1．需求

自定义一个函数，能够将 score 表中的各科成绩汇总。

2．数据准备

使用前面的 score 表及数据。

3．Hive 实例操作

（1）创建一个 Maven 工程 Hive

groupId 为 com.synu.hiveudtf，artifactId 为 hiveUDTF。

（2）导入依赖

```
<dependencies>
        <!-- https://mvnrepository.com/artifact/org.apache.hive/hive-exec -->
        <dependency>
            <groupId>org.apache.hive</groupId>
            <artifactId>hive-exec</artifactId>
```

```
            <version>2.1.0</version>
        </dependency>
    </dependencies>
```

（3）创建一个 Java 类 Hive_UDTF

```
    package hiveUDTF;

    import java.util.ArrayList;
    import org.apache.hadoop.hive.ql.udf.generic.GenericUDTF;
    import org.apache.hadoop.hive.ql.exec.UDFArgumentException;
    import org.apache.hadoop.hive.ql.metadata.HiveException;
    import org.apache.hadoop.hive.serde2.objectinspector.ObjectInspector;
    import
org.apache.hadoop.hive.serde2.objectinspector.ObjectInspectorFactory;
    import org.apache.hadoop.hive.serde2.objectinspector.StructObjectInspector;
    import
org.apache.hadoop.hive.serde2.objectinspector.primitive.PrimitiveObjectInspect
orFactory;

    public class Hive_Udtf extends GenericUDTF{

        Integer nScore = Integer.valueOf(0);
        Object forwardObj[] = new Object[1];
        String strName;

        @Override
        public StructObjectInspector initialize(ObjectInspector[] args)throws
UDFArgumentException {
            strName="";
            ArrayList<String> fieldNames = new ArrayList<String>();
            ArrayList<ObjectInspector> fieldOIs = new
ArrayList<ObjectInspector>();
            fieldNames.add("col1");

        fieldOIs.add(PrimitiveObjectInspectorFactory.javaStringObjectInspector)
;
            return
ObjectInspectorFactory.getStandardStructObjectInspector(fieldNames,fieldOIs);
        }

        @Override
        public void process(Object[] args) throws HiveException {
            if(!strName.isEmpty() && !strName.equals(args[0].toString())){
                //输出总分
                String[] newRes = new String[1];
                newRes[0]=(strName+"\t"+String.valueOf(nScore));
                forward(newRes);
```

```
            nScore=0;
        }
        strName=args[0].toString();
        nScore+=Integer.parseInt(args[1].toString());
    }

    @Override
    public void close() throws HiveException {
        forwardObj[0]=(strName+"\t"+String.valueOf(nScore));
        forward(forwardObj);
    }
}
```

（4）打成 JAR 包，更名并移动存放在/opt/datas/目录下

```
hadoop@SYNU:/opt/datas$  mv
/home/hadoop/workspace/hiveUDTF/target/hiveUDTF-0.0.1-SNAPSHOT.
jar /opt/datas/hiveudtf.jar
```

（5）将 JAR 包添加到 Hive 的 classpath

```
hive(hivedwh)>add jar /opt/datas/hiveudtf.jar;

Added [/opt/datas/hiveudtf.jar] to class path
Added resources: [/opt/datas/hiveudtf.jar]
```

（6）创建自定义函数 myUDTF

```
hive(hivedwh)>create temporary function myUDTF  as
"hiveUDTF.Hive_Udtf";
```

（7）使用自定义函数 myUDTF 查询表 score 的数据

```
hive(hivedwh)>select myUDTF(name,score) as sumscore from score;

OK
sum     score
Steve   311
Doug    336
Linus   336
Kelly   317
```

（8）在 Hive 的命令行窗口删除函数

```
hive(hivedwh)>drop temporary function [if exists]
[dbname.]function_name;
```

7.3.3 UDAF 函数

UDAF 函数是用户自定义聚合函数。Hive 支持其用户自行开发聚合函数，以完成业务逻辑。从实现上来看，Hive 的 UDAF 函数分为两种。

1．Simple

Simple 继承 org.apache.hadoop.hive.ql.exec.UDAF 类，并在派生类中以静态内部类的方式

实现 org.apache.hadoop.hive.ql.exec.UDAFEvaluator 接口。这种方式简单直接，但是在使用过程中需要依赖 Java 反射机制，因此性能相对较低。

2．Generic

Generic 以抽象类代替原有的接口。新的抽象类 org.apache.hadoop.hive.ql.udf.generic.AbstractGenericUDAFResolver 替代原有的 UDAF 接口，新的抽象类 org.apache.hadoop.hive.ql.udf.generic.GenericUDAFEvaluator 替代原有的 UDAFEvaluator 接口。

开发通用 UDAF 函数有两个步骤：一是编写 resolver 类，二是编写 evaluator 类。resolver 类负责类型检查和操作符重载。evaluator 类真正实现 UDAF 函数的逻辑。通常来说，顶层 UDAF 类继承 org.apache.hadoop.hive.ql.udf.GenericUDAFResolver2，里面编写嵌套类 evaluator 实现 UDAF 函数的逻辑。

习　题　7

一、选择题

1．关于 Hive 时间戳的叙述正确的是（　　）。

A．当前使用的时间戳都是 12 位

B．时间戳的单位都是秒

C．函数 Unix_timestamp()返回当前日期

D．时间戳的格式为"yyyy-MM-dd HH:mm:ss"

2．下面哪个函数是聚合函数？（　　）

A．Floor()　　B．Percent()　　C．DateDiff()　　D．Coalesce()

3．关于 Hive 函数的叙述正确的是（　　）。

A．函数 Explode()给字段值为 Null 的数据赋值

B．函数 NVL()以复杂数据类型 Array 或 Map 为输入，对数据进行拆分

C．函数 Ntile(n)把有序的数据集合随机分配到指定数量的 *n* 个切片分组中

D．函数 Over()和聚合函数一起使用，并且放在聚合函数的后面

4．下面哪个函数是窗口函数？（　　）

A．NVL()　　B．Lag()　　C．Explode()　　D. Collect_set()

5．Hive 定义一个 UDF 函数时，需要继承以下哪个类？（　　）

A．FunctionRegistry　　B．UDF　　C．MapReduce　　D．UDAF

6．Hive 定义一个 UDF 函数时，需要重写以下哪个方法？（　　）

A．process()　　B．evaluate()　　C．initialize()　　D．resolver()

7．支持一个输入产生一个输出的用户自定义函数是（　　）。

A．UDFF 函数　　B．UDF 函数　　C．UDTF 函数　　D．UDAF 函数

二、多选题

1．从功能上分类，Hive 内置函数主要包括（　　）等。

A．数值计算函数　　B．字符串处理函数

C．聚合函数　　D．日期时间函数

2．下面哪些函数是日期时间函数？（　　）

A．Avg()　　B．Data_Sub()　　C．Second()　　D．If()

3．下面哪些函数是字符串处理函数？（　　）

A．Rand()　　B．to_Data()　　C．Split()　　D．Trim()

三、判断题

1．条件判断函数的语法为 Case a When b Then c When d Then e End。如果 a 等于 b，那么返回 c；如果 a 等于 d，那么返回 e。（　　）

A．正确　　B．错误

2．查看系统所有内置函数的命令是“Show Functions;”。（　　）

A．正确　　B．错误

3．排序函数中 Rank()是跳跃排序的，Dense_Rank()是连续排序的。（　　）

A．正确　　B．错误

四、简答题

1．简述 Hive 的内置函数。

2．指定窗口函数 Over()窗口大小的参数有哪些？

3．简述 Explode()函数。

4．简述 Lead()函数。

5．简述 Ntile()函数。

6．比较排序函数 Rank()、Dense_Rank()和 Row_Nnmber()的异同。

五、实践题

1．已有数据表 demo，demo 表数据见表 7-8。

表 7-8　demo 表数据

name	interest
Tom,Bob,Lily	足球，篮球，排球

使用函数 Explode()将其转换为下列形式：

```
Tom     足球
Tom     篮球
Tom     排球
Bob     足球
Bob     篮球
Bob     排球
Lily    足球
Lily    篮球
Lily    排球
```

2．已有数据表 demo1，demo1 表数据见表 7-9。

表 7-9　demo1 表数据

name	dept_id	sex
Bill	B	男
James	A	男

续表

name	dept_id	sex
Steve	A	男
Linus	B	男
Anna	A	女
Diana	B	女
Kelly	B	女

3．根据表中数据统计不同部门男、女各多少人，结果显示如下：

```
A     2     1
B     2     2
```

4．根据表 7-10 中的数据把星座和血型一样的人归类到一起，要求结果如下：

```
射手座,A           Doug|Kelly
白羊座,A           Steve|James
白羊座,B           Linus|Bill
```

demo2 表数据见表 7-10。

表 7-10　demo2 表数据

name	constellation	blood_type
Bill	白羊座	B
Steve	白羊座	A
Doug	射手座	A
Linus	白羊座	B
James	白羊座	A
Kelly	射手座	A

5．自定义一个 UDF 函数，要求能够将字符串字段全部转化为小写字母。

第 8 章　Hive 数据压缩

压缩数据，可以大量减少磁盘的存储空间。把设置存储格式和压缩数据结合使用，可以最大限度地节省存储空间。

8.1　数据压缩格式

在 Hive 中对中间数据或最终数据进行压缩，是提高数据性能的一种手段。压缩数据，可以大量减少磁盘的存储空间，比如基于文本的数据文件，可以将文件压缩 40%或更多。同时，压缩后的文件在磁盘间传输时所用的 I/O 也会大大减少。当然，压缩和解压缩会带来额外的 CPU 开销，但是可以节省更多的 I/O 和使用更少的内存开销。

常见的数据压缩格式有 Gzip、Bzip2、LZO、LZ4 和 Snappy 等。

1. 压缩格式评价

可使用以下 3 种指标对压缩格式进行评价。

① 压缩比：压缩比越高，压缩后文件越小，所以压缩比越高越好。

② 压缩速度：压缩速度越快越好。

③ 可分割：已经压缩的格式文件是否可以再分割。可以分割的格式允许单一文件由多个 Map 程序处理，从而更好地并行化计算和处理。

2. 压缩格式对比

① Bzip2 具有最高的压缩比，但会带来更大的 CPU 开销，Gzip 较 Bzip2 次之。如果基于磁盘利用率和 I/O 考虑，这两种压缩格式都比较有吸引力。

② LZO 和 Snappy 有更快的解压缩速度，如果更关注压缩、解压缩速度，它们都是不错的选择。LZO 和 Snappy 在压缩数据上的速度大致相当，但 Snappy 在解压缩速度上较 LZO 更快。

③ Hadoop 会将大文件分割成 HDFS 块（默认 128MB）大小的分片，每个分片对应一个 Map 程序。在这几种压缩格式中，Bzip2、LZO、Snappy 压缩是可分割的，Gzip 则不支持分割。

3. Hive 表存储格式与压缩相结合

TextFile 为默认 Hive 表存储格式，数据加载速度最快，可以采用 Gzip 进行压缩，压缩后的文件无法分割，即并行处理。

SequenceFile 表存储格式的压缩比最低，查询速度一般，将数据存储到 SequenceFile 格式的 Hive 表中，这时数据就会压缩存储，共有 3 种压缩格式（None、Record、Block），是可分割的文件格式。

ORC 表存储格式的压缩比最高，查询速度最快，数据加载速度最慢。相比 TextFile 和 SequenceFile 格式，ORC 格式由于采用列式存储方式，数据加载时性能消耗较大，但是具有较好的压缩比和查询速度。数据仓库的特点是一次写入、多次读取，因此，整体来看，ORC 格式相比其余两种表存储格式具有较明显的优势。ORC 格式支持压缩的 3 种类型为 None、Zlib、

Snappy。

在 Hive 中使用压缩需要灵活的方式，针对不同的应用场景使用不同的压缩方式。如果是数据源，采用 ORC+Bzip2 或 ORC+Gzip 的方式，这样可以很大程度上节省磁盘空间；而在计算的过程中，为了不影响执行的速度，可以浪费一些磁盘空间，建议采用 ORC+Snappy 的方式，这样可以整体提升 Hive 的执行速度。至于 LZO，也可以在计算过程中使用，只不过综合考虑（压缩速度和压缩比）还是 Snappy 适宜。

几种常见压缩格式比较见表 8-1。

表 8-1 常见压缩格式比较

压缩格式	压缩比	压缩速度	是否可分割	文件扩展名
Zlib	中	中	否	.deflate
Gzip	中	中	否	.gz
Bzip2	高	慢	是	.bz2
LZO	低	快	是	.lzo
LZ4	低	快	是	.lz4
Snappy	低	快	是	.snappy

8.2 Hadoop 压缩配置

8.2.1 Snappy 压缩方式配置

1．查看 Hadoop 命令 checknative

```
hadoop@SYNU:/usr/local/hadoop$ hadoop
checknative [-a|-h]  check native hadoop and compression libraries availability
```

2．查看 Hadoop 支持的压缩格式类型

```
hadoop@SYNU:/usr/local/hadoop$ hadoop checknative
Native library checking:
hadoop:  true /usr/local/hadoop/lib/native/libhadoop.so
zlib:    true /lib64/libz.so.1
snappy:  false
lz4:     true revision:99
bzip2:   false
```

3．压缩包导入

将编译好的支持 Snappy 压缩的 hadoop-2.7.1.tar.gz 包导入 Linux 本地的/opt/software 中。

4．解压 hadoop-2.7.1.tar.gz 到当前路径

```
hadoop@SYNU:/opt/software$ tar -zxvf hadoop-2.7.1.tar.gz
```

5．查看动态链接库

切换到/opt/software/hadoop-2.7.1/lib/native 目录，查看支持 Snappy 压缩的动态链接库：

```
hadoop@SYNU native$ pwd
/opt/software/hadoop-2.7.1/lib/native
[hadoop@SYNU native]$ ll
```

```
-rw-r--r--. 1 hadoop hadoop  472950 12月   1 10:18 libsnappy.a
-rwxr-xr-x. 1 hadoop hadoop     955 12月   1 10:18 libsnappy.la
lrwxrwxrwx. 1 hadoop hadoop      18 12月 24 20:39 libsnappy.so ->
libsnappy.so.1.3.0
lrwxrwxrwx. 1 hadoop hadoop      18 12月 24 20:39 libsnappy.so.1 ->
libsnappy.so.1.3.0
-rwxr-xr-x. 1 hadoop hadoop  228177 12月   1 10:18 libsnappy.so.1.3.0
```

6．动态链接库复制

复制/opt/software/hadoop-2.7.1/lib/native 目录中的所有动态链接库内容到 Hadoop 的/usr/local/hadoop/lib/native 目录中：

```
hadoop@SYNU native$ cp ../native/*
/usr/local/hadoop/lib/native/
```

7．重新查看 Hadoop 支持的压缩格式类型

```
hadoop@SYNU:/usr/local/hadoop$ hadoop checknative
Native library checking:
hadoop:  true /usr/local/hadoop/lib/native/libhadoop.so.1.0.0
zlib:    true /lib/x86_64-linux-gnu/libz.so.1
snappy:  true /usr/lib/x86_64-linux-gnu/libsnappy.so.1
lz4:     true revision:99
bzip2:   false
```

8.2.2 MapReduce 支持的压缩编码

为了支持多种压缩和解压缩格式，Hadoop 引入了编码/解码器，如表 8-2 所示。

表 8-2　压缩格式对应的编码/解码器

压缩格式	对应的编码/解码器
Zlib	org.apache.hadoop.io.compress.DefaultCodec
Gzip	org.apache.hadoop.io.compress.GzipCodec
Bzip2	org.apache.hadoop.io.compress.Bzip2Codec
LZO	com.hadoop.compression.lzo.LzopCodec
LZ4	com.hadoop.compression.lzo.Lz4Codec
Snappy	org.apache.hadoop.io.compress.SnappyCodec

8.2.3 MapReduce 压缩格式参数配置

若在 Hadoop 中启用压缩，可以在 mapred-site.xml 等配置文件中配置参数，见表 8-3。

表 8-3　MapReduce 压缩格式参数配置

参数	默认值	阶段	开启压缩建议
io.compression.codecs （在 core-site.xml 中配置）	org.apache.hadoop.io.compress.DefaultCodec, org.apache.hadoop.io.compress.GzipCodec, org.apache.hadoop.io.compress.Bzip2Codec, org.apache.hadoop.io.compress.Lz4Codec	输入压缩	Hadoop 使用文件扩展名判断是否支持某种编/解码器

续表

参数	默认值	阶段	开启压缩建议
mapreduce.map.output.compress	False	Map 输出	参数设为 True，启动压缩
mapreduce.map.output.compress.codec	org.apache.hadoop.io.compress.DefaultCodec	Map 输出	使用 LZO、LZ4 或 Snappy 编/解码器在此阶段压缩数据
mapreduce.output.fileoutputformat.compress	False	Reduce 输出	参数设为 True，启动压缩
mapreduce.output.fileoutputformat.compress.codec	org.apache.hadoop.io.compress.DefaultCodec	Reduce 输出	使用标准工具或者编/解码器，如 Gzip、Bzip2 和 Snappy
mapreduce.output.fileoutputformat.compress.type	Record	Reduce 输出	SequenceFile 的压缩类型：None、Block 和 Record

8.3　Map 输出压缩开启

开启 Map 输出阶段压缩可以减少作业中 Map 任务和 Reduce 任务之间的数据传输量，具体配置参数如下。

hive.exec.compress.intermediate：该值默认为 False，设置为 True 时激活中间数据压缩功能。

mapreduce.map.output.compression.codec：Map 输出压缩格式的配置参数，可以使用 LZO、LZ4 或 Snappy 编/解码器在此阶段压缩数据。SnappyCodec 压缩格式会带来很好的压缩性能和较低的 CPU 开销。HQL 语句最终会被编译成 Hadoop 的 MapReduce 作业，开启 Hive 的中间数据压缩功能，就是在 MapReduce 的 Shuffle 阶段对 Map 产生的中间结果进行数据压缩。在这个阶段，优先选择一个低 CPU 开销的压缩格式。

例如：

（1）开启 Hive 中间传输数据压缩功能

```
hive(hivedwh)>set hive.exec.compress.intermediate=true;
```

（2）开启 MapReduce 中 Map 输出压缩功能

```
hive(hivedwh)>set mapreduce.map.output.compress=true;
```

（3）设置 MapReduce 中 Map 输出数据的 Snappy 压缩方式

```
hive(hivedwh)>set mapreduce.map.output.compress.codec=
 org.apache.hadoop.io.compress.SnappyCodec;
```

（4）执行查询语句

```
hive(hivedwh)>select count(ename) name from emp;
```

8.4　Reduce 输出压缩开启

当 Hive 将输出写入表中时，输出内容同样可以进行压缩。控制这个功能的属性为

hive.exec.compress.output，该属性的默认值为 False，这种情况下输出的就是非压缩的纯文本文件。用户可以通过在查询语句或执行脚本中设置这个值为 True，来开启输出结果压缩功能。

例如：

（1）开启 Hive 最终输出数据压缩功能

```
hive(hivedwh)>set hive.exec.compress.output=true;
```

（2）开启 MapReduce 最终输出数据压缩功能

```
hive(hivedwh)>set mapreduce.output.fileoutputformat.compress=true;
```

（3）设置 MapReduce 最终数据输出压缩方式为 Snappy

```
hive(hivedwh)>set mapreduce.output.fileoutputformat.compress.codec =
 org.apache.hadoop.io.compress.SnappyCodec;
```

（4）设置 MapReduce 最终数据输出压缩类型为块压缩

```
hive(hivedwh)>set
mapreduce.output.fileoutputformat.compress.type=BLOCK;
```

（5）测试输出结果是否是压缩文件

```
hive(hivedwh)>insert overwrite local directory '/opt/datas/output'
select * from emp distribute by deptno sort by empno desc;
```

8.5 常用 Hive 表存储格式比较

下面从几种常见 Hive 表存储格式的压缩比和查询速度两个方面测试对比。

8.5.1 存储文件的压缩比测试

1. 测试数据

用户文件 34.8MB*，共有 2139109 条记录数据，每条记录有 3 个字段。

2. TextFile 格式

（1）创建表，存储数据格式为 TextFile

```
hive(hivedwh)>create table text_user(
userid string,
view int,
click int)
row format delimited fields terminated by '\t'
stored as textfile;
```

（2）向表中加载数据

```
hive(hivedwh)>load data local inpath '/opt/datas/user.txt' into table text_
user;
```

（3）查看表中数据大小

```
hive(hivedwh)>dfs -du -h /user/hive/warehouse/hivedwh.db/text_user;

34.8 M  /user/hive/warehouse/hivedwh.db/text_user/user.txt
```

* 数据来源：http://www.atguigu.com。

3．SequenceFile 格式

（1）创建表，存储数据格式为 SequenceFile

```
hive(hivedwh)>create table seq_user(
userid string,
view int,
click int)
row format delimited fields terminated by '\t'
stored as SequenceFile;
```

（2）向表中加载数据

```
hive(hivedwh)>insert into table seq_user select * from text_user;
```

（3）查看表中数据大小

```
hive(hivedwh)>dfs -du -h /user/hive/warehouse/hivedwh.db/seq_user;

57.8 M  /user/hive/warehouse/hivedwh.db/seq_user/000000_0
```

4．ORC 格式

（1）创建表，存储数据格式为 ORC

```
hive(hivedwh)>create table orc_user(
userid string,
view int,
click int)
row format delimited fields terminated by '\t'
stored as orc;
```

（2）向表中加载数据

```
hive(hivedwh)>insert into table orc_user select * from text_user;
```

（3）查看表中数据大小

```
hive(hivedwh)>dfs -du -h /user/hive/warehouse/hivedwh.db/orc_user;

17.3 M  /user/hive/warehouse/hivedwh.db/orc_user/000000_0
```

5．Parquet 格式

（1）创建表，存储数据格式为 Parquet

```
hive(hivedwh)>create table par_user (
userid string,
view int,
click int)
row format delimited fields terminated by '\t'
stored as parquet;
```

（2）向表中加载数据

```
hive(hivedwh)>insert into table par_user select * from text_user;
```

（3）查看表中数据大小

```
hive(hivedwh)>dfs -du -h /user/hive/warehouse/hivedwh.db/par_user;

35.1 M  /user/hive/warehouse/hivedwh.db/par_user/000000_0
```

6．几种常见的 Hive 表存储格式的压缩比测试总结

经过测试，将数据汇总如表 8-4。压缩比计算公式为

压缩比=（原始数据-压缩后数据）/原始数据

计算结果详见表 8-4。

表 8-4　几种常见的 Hive 表存储格式的压缩比测试结果

压缩格式	TextFile	SequenceFile	ORC	Parquet
数据量（MB）	34.8	57.8	17.3	35.1
压缩比（%）	0	-66	50	-1

从表 8-4 可以看出，几种常见的 Hive 表存储格式的压缩比从大到小的顺序为 ORC> TextFile > Parquet >SequenceFile。这个结果适用于现有的数据，在数据量较小的情况下，可能会出现与之相悖的结论。

8.5.2　存储文件的查询速度测试

1．TextFile 格式

```
hive(hivedwh)>select count(*) count_text from text_user;

OK
count_text
2139109
Time taken: 22.089 seconds, Fetched: 1 row(s)
```

2．SequenceFile 格式

```
hive(hivedwh)>select count(*) count_seq from seq_user;

OK
count_seq
2139109
Time taken: 24.153 seconds, Fetched: 1 row(s)
```

3．ORC 格式

```
hive(hivedwh)>select count(*) count_orc from orc_user;

OK
count_orc
2139109
Time taken: 20.698 seconds, Fetched: 1 row(s)
```

4．Parquet 格式

```
hive(hivedwh)>select count(*) count_par from par_user;

OK
count_par
2139109
Time taken: 21.457 seconds, Fetched: 1 row(s)
```

5．几种常见的 Hive 表存储格式的查询速度测试总结

经过测试，将查询时间数据汇总如表 8-5。

表 8-5　几种常见的 Hive 表存储格式的查询时间测试总结

压缩格式	TextFile	SequenceFile	ORC	Parquet
查询时间（s）	22.089	24.153	20.689	21.457

从表 8-5 可以看出，SequenceFile 格式查询时间略长，其他格式无明显差异。也就是说，这 4 种存储格式的查询速度比较接近。这个结果适用于当前现有的数据，在数据量较小的情况下，可能会出现与之相悖的结论。

8.6　存储和压缩结合

下面介绍 Hive 表 ORC 存储格式的压缩。Hive 表 ORC 存储格式的压缩支持 3 种类型，分别为 None、Zlib、Snappy，其中 Zlib 为默认类型。ORC 存储格式的压缩详见表 8-6。

表 8-6　ORC 存储格式的压缩

key	默认值	描述
orc.compress	Zlib	支持压缩的 3 种类型：None、Zlib、Snappy
orc.compress.size	262 144	每个压缩 Chunk 的字节大小
orc.stripe.size	67 108 864	每个 Chunk 的字节大小
orc.row.index.stride	10 000	Stride 中的行数，即分组大小不低于 1000
orc.create.index	True	是否需要创建行索引
orc.bloom.filter.columns	""	列分隔符
orc.bloom.filter.fpp	0.05	Bloom Filter 的概率为 0.0～1.0

下面分别创建 ORC 存储格式的表，并修改其数据压缩类型。导入数据后，比较其压缩比数据。

1．创建 Zlib 压缩类型的 ORC 存储格式表

（1）创建表

```
hive(hivedwh)>create table orc_zlib(
userid string,
view int,
click int)
row format delimited fields terminated by '\t'
stored as orc;
```

（2）设置数据压缩格式

```
hive(hivedwh)>alter table orc_zlib set
tblproperties("orc.compress"="ZLIB");
```

（3）查看数据压缩格式

```
hive(hivedwh)>desc formatted orc_zlib;

orc.compress         ZLIB
```

（4）向 Hive 表导入数据

```
hive(hivedwh)>insert into table orc_zlib select * from text_user;
```

2. 创建 None 压缩类型的 ORC 存储格式表

（1）创建表

```
hive(hivedwh)>create table orc_none(
userid string,
view int,
click int)
row format delimited fields terminated by '\t'
stored as orc;
```

（2）设置数据压缩格式

```
hive(hivedwh)>alter table orc_none set
tblproperties("orc.compress"="NONE");
```

（3）查看数据压缩格式

```
hive(hivedwh)>desc formatted orc_none;

orc.compress        NONE
```

（4）向 Hive 表导入数据

```
hive(hivedwh)>insert into table orc_none select * from text_user;
```

3. 创建 Snappy 压缩类型的 ORC 存储格式表

（1）创建表

```
hive(hivedwh)>create table orc_snappy(
userid string,
view int,
click int)
row format delimited fields terminated by '\t'
stored as orc;
```

（2）设置数据压缩格式

```
hive(hivedwh)>alter table orc_snappy set
tblproperties("orc.compress"="SNAPPY");
```

（3）查看数据压缩格式

```
hive(hivedwh)>desc formatted orc_snappy;

orc.compress        SNAPPY
```

（4）向 Hive 表导入数据

```
hive(hivedwh)>insert into table orc_snappy select * from text_user;
```

4. 查看加载后数据

```
hive(hivedwh)>dfs -du -h /user/hive/warehouse/hivedwh.db/orc*;

27.1 M  /user/hive/warehouse/hivedwh.db/orc_none/000000_0
25.2 M  /user/hive/warehouse/hivedwh.db/orc_snappy/000000_0
17.3 M  /user/hive/warehouse/hivedwh.db/orc_user/000000_0
17.3 M  /user/hive/warehouse/hivedwh.db/orc_zlib/000000_0
```

这种 ORC 存储格式文件比 Snappy 压缩的还要小。原因是 ORC 存储格式文件默认采用 Zlib 压缩，比 Snappy 压缩的小。在 ORC 存储格式中，None 类型实际上对原始数据也做了压缩。从现有数据看，数据压缩比从大到小的顺序依次为 Zlib、Snappy 和 None 类型。

5．存储格式和压缩类型相结合总结

存储格式和压缩类型相结合，能够产生更好的效果。在实际的项目开发中，Hive 表的文件存储格式一般选择 ORC 或 Parquet 格式。压缩类型一般选择 Snappy、LZO。这样一方面减少磁盘的使用量，另一方面可以实现数据的 Split（分布式计算），实现查询速度的加快。

案例 8-1　存储格式 TextFile 数据压缩

1．需求

存储格式 TextFile 的数据压缩。

2．数据准备

利用表 text_user 及数据。

3．Hive 实例操作

（1）创建表，存储格式为 TextFile

```
hive(hivedwh)>create table text_gzip like text_user;
```

（2）开启 Hive 最终输出数据压缩功能

```
hive(hivedwh)>set hive.exec.compress.output=true;
```

（3）开启 MapReduce 最终输出数据压缩

```
hive(hivedwh)>set mapreduce.output.fileoutputformat.compress=true;
```

（4）设置 MapReduce 最终数据输出压缩方式

```
hive(hivedwh)>set mapreduce.output.fileoutputformat.compress.codec =
org.apache.hadoop.io.compress.GzipCodec;
```

（5）向 Hive 表导入数据

```
hive(hivedwh)>insert into table text_gzip select * from text_user;
```

（6）按需求查询压缩数据并比较

```
hive(hivedwh)>dfs -du -h /user/hive/warehouse/hivedwh.db/text*;

17.4 M  /user/hive/warehouse/hivedwh.db/text_gzip/000000_0.gz
34.8 M  /user/hive/warehouse/hivedwh.db/text_user/user.txt
```

习　题　8

一、选择题

1．常见的数据压缩格式中不可分割的有（　　）等。

A．Gzip　　　　B．LZ4　　　　C．Bzip2　　　　D．Snappy

2．若在 Hadoop 中启动压缩，可以在（　　）文件中配置压缩参数。

A．mapred-site.xml　　　　B．yarn-site.xml

C．mapred-default.xml　　　　D．map-site.xml

3．ORC 存储格式支持的压缩类型为（　　）。

A．Gzip　　B．LZ4　　C．Bzip2　　D．Snappy

二、多选题

1．常见的数据压缩格式有（　　）等。

A．Gzip　　B．LZ4　　C．Bzip2　　D．Snappy

2．Hadoop 支持的几种数据压缩格式包括（　　）等。

A．Zlib　　B．LZ4　　C．Bzip2　　D．Snappy

3．将数据存放到 SequenceFile 存储格式的 Hive 表中，这时数据就会压缩存储，支持的压缩类型为（　　）。

A．Block　　B．None　　C．Record　　D．Snappy

三、判断题

1．ORC 存储格式文件默认采用 Zlib 压缩格式。（　　）

A．正确　　B．错误

2．在实际的项目开发中，Hive 表存储格式一般选择 ORC 或 Parquet，压缩方式一般选择 Snappy、LZO。（　　）

A．正确　　B．错误

3．开启 Map 输出阶段压缩可以减少作业中 Map 任务和 Reduce 任务之间的数据传输量。（　　）

A．正确　　B．错误

四、简答题

1．简述数据压缩格式评价指标。

2．简述几种数据压缩格式。

3．简述数据仓库的表存储格式的数据压缩性能优劣。

五、实践题

利用 100 万条数据文件测试存储文件的压缩比，并比较几种存储格式的优劣。

第 9 章　Hive 优化

Hive 优化需要结合实际的业务需求、数据的类型、分布、质量等实际状况，综合考虑如何进行系统性的优化。Hive 底层是 MapReduce，所以 Hadoop 优化是 Hive 优化的基础。Hive 优化包括 Hive 参数优化、数据倾斜的解决、HQL 优化、数据的存储与压缩等方面，其中数据存储与压缩在前面章节中已经介绍了，这里不再赘述。

9.1　Hive 参数优化

Hive 参数优化是指在 Hive 配置文件中对参数的属性值进行重新优化配置，从而达到优化的目的。Hive 参数优化包括本地模式、Fetch 抓取、并行执行、严格模式、推测执行和 JVM（Java Virtual Machine，Java 虚拟机）重用等内容。

9.1.1　本地模式

Hive 在 Hadoop 集群上查询时，默认是在 Hadoop 集群上的多台服务器上运行的（需要这些服务器协调运行），这种方式很好地解决了大数据的查询问题。但是当 Hive 查询处理的数据量比较小时，为查询触发执行任务消耗的时间可能会比实际作业（Job）的执行时间要长得多，在这种情况下，其实没有必要启动分布式模式去执行，因为以分布式方式执行就涉及跨网络传输、多节点协调、资源调度分配等，消耗资源较大。对于大多数这种情况，Hive 可以通过本地模式在单台服务器上处理所有的任务，对于小数据集，执行时间可以明显缩短。

用户可以通过在 Hive 的 hive-site.xml 配置文件中配置参数 hive.exec.mode.local.auto、hive.exec.mode.local.auto.inputbytes.max 和 hive.exec.mode.local.auto.input.files.max，来实现本地模式的优化。hive.exec.mode.local.auto 的属性值为 True 时，允许 Hive 在适当时自动启动本地模式优化。当然，也可以在客户端设置本地模式的相关参数。

hive.exec.mode.local.auto：设置是否开启本地模式，取值为 True 或 False，默认值为 False。

hive.exec.mode.local.auto.inputbytes.max：设置本地模式的最大输入数据量。当输入数据量小于这个值时，启动本地模式，默认值为 128MB。

hive.exec.mode.local.auto.input.files.max：设置本地模式的最大输入文件个数。当输入文件个数小于这个值时，启动本地模式，默认值为 4。

例如：

（1）关闭本地模式，并执行查询语句

```
hive(hivedwh)>set hive.exec.mode.local.auto=false;
hive(hivedwh)>select empno,ename,bday,area,deptno from emp cluster by deptno;

Time taken: 4.271 seconds, Fetched: 20 row(s)
```

（2）开启本地模式，并执行查询语句

```
hive(hivedwh)>set hive.exec.mode.local.auto=true;
hive(hivedwh)>select empno,ename,bday,area,deptno from emp cluster by deptno;

Time taken: 1.829 seconds, Fetched: 20 row(s)
```

9.1.2 Fetch 抓取

Fetch 抓取是指在 Hive 中对某些情况的查询可以不必执行 MapReduce 程序。例如“Select * From emp;”，在这种情况下，Hive 可以简单地读取表 emp 对应的存储目录下的文件，然后输出查询结果到控制台，效率提高。

在 hive-default.xml 配置文件中，参数 hive.fetch.task.conversion 的属性值分别是 None、Minimal 和 More，默认值为 More。默认值 More 表明，在全局查找、字段查找、过滤查找、Limit 查找等都不执行 MapReduce 程序。属性值 None 表明，执行查询语句，会执行 MapReduce 程序。

```
<property>
    <name>hive.fetch.task.conversion</name>
    <value>more</value>
    <description>
      Expects one of [none, minimal, more].
      Some select queries can be converted to single FETCH task minimizing latency.
      Currently the query should be single sourced not having any subquery and should not have any aggregations or distincts (which incurs RS), lateral views and joins.
      0. none : disable hive.fetch.task.conversion
      1. minimal : SELECT STAR, FILTER on partition columns, LIMIT only
      2. more  : SELECT, FILTER, LIMIT only (support TABLESAMPLE and virtual columns)
    </description>
</property>
```

例如：

① 把参数 hive.fetch.task.conversion 的属性值设置成 None，然后执行查询语句，会执行 MapReduce 程序。

```
hive(hivedwh)>set hive.fetch.task.conversion=none;
hive(hivedwh)>select empno,ename,bday,area,deptno from emp cluster by deptno;
```

② 把参数 hive.fetch.task.conversion 的属性值设置成 More，然后执行查询语句，不会执行 MapReduce 程序。

```
hive(hivedwh)>set hive.fetch.task.conversion=more;
hive(hivedwh)>select empno,ename,bday,area,deptno from emp cluster by deptno;
```

9.1.3 并行执行

Hive 会将一个查询转化成一个或者多个阶段。默认情况下，Hive 一次只会执行一个阶段。

不过，某个特定的作业可能包含多个阶段，而有些阶段是可以并行执行的，这样可能使得整个作业的执行时间缩短。

在 hive-default.xml 配置文件中通过设置参数 hive.exec.parallel 的属性值为 True，就可以开启并行执行，默认值为 False。通过设置参数 hive.exec.parallel.thread.number 来设置同一个 HQL 允许的最大并行度，即同时最多可以执行多少个任务，默认为 8。在共享 Hadoop 集群中，需要注意的是，如果作业中并行阶段增多，那么 Hadoop 集群利用率就会增加。

启动任务并行执行：

```
hive(hivedwh)>set hive.exec.parallel=true;
```

同一个 HQL 允许的最大并行度，即同时最多可以执行多少个任务：

```
hive(hivedwh)>set hive.exec.parallel.thread.number=16;
```

在资源充足时，参数 hive.exec.parallel 会让那些存在并行作业的 HQL 运行得更快，但同时消耗更多的资源。当然，并行执行是在系统资源比较空闲时才有优势，否则，没资源的情况下，并行执行并不能运行起来。

9.1.4　严格模式

Hive 的严格模式可以防止用户执行那些可能意想不到的查询。也就是说，严格模式可以禁止某些查询的执行。

在 hive-default.xml 配置文件中通过设置参数 hive.mapred.mode 的属性值，可以开启严格模式。参数值有两个：Strict（严格模式）和 Nonstrict（非严格模式，默认值）。

```
<property>
    <name>hive.mapred.mode</name>
    <value>strict</value>
    <description>
      The mode in which the Hive operations are being performed.
      In strict mode, some risky queries are not allowed to run. They include:
        Cartesian Product.
        No partition being picked up for a query.
        Comparing bigints and strings.
        Comparing bigints and doubles.
        Orderby without limit.
</description>
</property>
```

开启严格模式可以禁止 3 种类型的查询。

1. 带有分区表的查询

如果对一个分区表执行 Hive 查询，除非 Where 语句中含有分区字段过滤条件来限制范围，否则不允许执行。也就是说，就是用户不允许扫描所有分区。这种限制的原因是，通常分区表都拥有非常大的数据集，没有进行分区限制的查询可能会消耗巨大资源来处理这个表查询。

2. 带有 Order By 的查询

对于使用了 Order By 语句的查询，要求必须使用 Limit 语句。因为 Order By 为了执行排序，会将所有的结果数据分发到同一个 Reduce 中进行处理，所以强制用户使用 Limit 语句以防止 Reduce 额外执行很长一段时间。

3. 限制笛卡儿积的查询

进行表连接时，不写关联条件或关联条件失效会导致笛卡儿积。数据量非常大时，笛卡儿积查询会出现不可控的情况，因此严格模式下也不允许执行。例如，当执行下面这个笛卡儿积查询时是被限制执行的：

```
hive(hivedwh)>set hive.mapred.mode=strict;
hive(hivedwh)>select e.ename, d.dname from emp e, dept d;

FAILED: SemanticException Cartesian products are disabled for safety reasons.
If you know what you are doing, please make sure that hive.strict.checks.cartesian.
product is set to false and that hive.mapred.mode is not set to 'strict' to enable
them.
```

9.1.5 推测执行

在 Hadoop 分布式集群环境下，因为程序本身的问题、负载不均衡或者资源分布不均等原因，会造成同一个作业的多个任务之间的运行速度不一致，有些任务的运行速度可能明显慢于其他任务，则这些任务会拖慢作业的整体执行进度。Hadoop 采用了推测执行（Speculative Execution）机制，能够有效避免这种情况的发生，它能够推测出“拖后腿”的任务，并为这样的任务启动一个备份，让该任务与原始任务同时处理同一份数据，并最终选用最先成功运行完成任务的计算结果作为最终结果。也就是说，如果作业中大多数的任务都已经完成了，Hadoop 平台会在几个空闲的节点上调度执行剩余任务的拷贝，这个过程称为推测执行。当任务完成时，它会向 JobTracker 通告。任何一个首先完成的拷贝任务将成为权威拷贝，如果其他拷贝任务还在推测执行中，Hadoop 会告诉 TaskTracker 去终止这些任务并丢弃它们的输出，接着 Reduce 会从首先完成的 Map 那里获取输入数据。

推测执行属于 Hadoop 的 MapReduce 框架的属性。设置开启推测执行参数在 Hadoop 的 mapred-site.xml 文件中进行配置，默认就是开启的状态。

```
<property>
  <name>mapreduce.map.speculative</name>
  <value>true</value>
  <description>If true, then multiple instances of some map tasks
     may be executed in parallel.</description>
</property>
```

Hive 本身在 hive-default.xml 文件中也提供了配置项来控制 Reduce 的推测执行：

```
<property>
   <name>hive.mapred.reduce.tasks.speculative.execution</name>
   <value>true</value>
   <description>Whether speculative execution for reducers
       should be turned on</description>
</property>
```

这个推测执行机制主要用来避免某个 Reduce 任务的执行环境有问题或者某个 Reduce 任务执行中发生了反常情况而迟迟不能完成从而拖慢整体进度。但是这个机制在有些情况下也会造成问题，例如，如果一个 Reduce 程序在相同输入并发执行的情况下会造成冲突，那么推测执行机制可能是一个较大的隐患。

9.1.6 JVM 重用

JVM 重用是 Hadoop 优化的内容，当然对 Hive 的性能具有非常大的影响，特别是对于很难避免小文件的场景或任务特别多的场景。

Hadoop 默认为每个任务（Map 任务或 Reduce 任务）启动一个 JVM。对于小文件过多的问题，设置了 JVM 重用，即一个作业内，多个任务共享 JVM，避免多次启动 JVM，浪费资源和时间。JVM 重用可以使得 JVM 实例在同一个作业中重新使用 *N* 次。*N* 的值可以在 Hadoop 的 mapred-site.xml 文件中进行配置，通常为 10～20。

```
<property>
  <name>mapreduce.job.jvm.numtasks</name>
  <value>10</value>
  <description>How many tasks to run per jvm. If set to -1, there is no
limit.</description>
</property>
```

在 Hive 中可以查看和设置 Hadoop 中 JVM 的属性值，默认值为 1：

```
hive(hivedwh)>set mapreduce.job.jvm.numtasks=10;
```

当然，JVM 的启动过程也可能会造成相当大的开销，尤其是执行的作业包含成百上千个任务的情况。

9.2 数据倾斜

由于数据分布不均匀，造成数据大量地集中到一点，形成数据倾斜。数据倾斜主要表现在任务进度长时间维持在 99%或者 100%的附近，查看任务监控页面，发现只有少量 Reduce 子任务未完成，因为其处理的数据量和其他 Reduce 差异过大。单一 Reduce 处理的记录数和平均记录数相差太大，通常达到好几倍之多，最长时间远大于平均时间。具体说来，某个 Reduce 的数据输入量远远大于其他 Reduce 的数据输入量，造成数据倾斜，其原因是：

① Key 分布不均匀；

② 业务数据本身的特性；

③ 建表时考虑不周；

④ 某些 HQL 语句本身就有数据倾斜。

Hadoop 框架的特性是不怕数据大，就怕数据倾斜。Hive 的执行是分阶段的，Map 处理数据量的差异取决于上一个阶段的 Reduce 输出，所以如何将数据均匀分配到各个 Reduce 中，就是解决数据倾斜的根本所在。解决数据倾斜的方法包括合理设置 Map 个数、合并小文件、复杂文件增加 Map 个数、合理设置 Reduce 个数等。

9.2.1 合理设置 Map 个数

通常情况下，MapReduce 作业会通过输入目录产生一个或者多个 Map 任务。主要决定因素有输入文件总个数、输入文件大小、集群设置的文件块大小等。举例如下：

① 假设输入目录下有 1 个文件 a，大小为 780MB，那么 Hadoop 会将该文件 a 分割成 7 个块（6 个 128MB 的块和 1 个 12MB 的块），从而产生 7 个 Map。

② 假设输入目录下有 3 个文件 a、b、c，大小分别为 10MB、20MB、130MB，那么 Hadoop 会分割成 4 个块（10MB、20MB、128MB、2MB），从而产生 4 个 Map。也就是说，如果文件大于块大小（128MB），那么会拆分，如果小于块大小，则把该文件当成一个块。

如果一个任务有很多小文件（远远小于块大小 128MB），则每个小文件也会被当作一个块，用一个 Map 来完成，而一个 Map 启动和初始化的时间远远大于逻辑处理的时间，就会造成很大的资源浪费。而且，同时可执行的 Map 个数是受限的。针对这种情况，需要采取的解决方式是减少 Map 个数，而不是 Map 越多越好。

是不是保证每个 Map 处理接近 128MB 的文件块就高枕无忧了？答案是不一定。比如有一个 127MB 的文件，正常会用一个 Map 去完成，但这个文件只有一个或者两个字段，却有几千万条记录，如果 Map 处理的逻辑比较复杂，用一个 Map 去做，肯定比较耗时。针对这个问题，需要采取的解决方式是增加 Map 个数。问题的关键是要合理设置 Map 的个数。根据实际情况，控制 Map 个数需要遵循两个原则：使大数据量利用合适的 Map 个数；使单个 Map 处理合适的数据量。

9.2.2 合并小文件

通常在 Map 输入端、Map 输出端和 Reduce 输出端容易产生小文件，小文件过多会影响 Hive 的分析效率。在 Map 执行前合并小文件，减少 Map 个数。

hive.merg.mapfiles=true：合并 Map 输出。

hive.merge.mapredfiles=false：合并 Reduce 输出。

hive.merge.size.per.task=256000000：合并文件的大小。

hive.mergejob.maponly=true：如果支持 CombineHiveInputFormat，则生成只有 Map 的任务执行 Merge。

hive.merge.smallfiles.avgsize=16000000：文件的平均大小，当小于该值时，会启动一个 MapReduce 任务执行 Merge。

参数 CombineHiveInputFormat 具有对小文件进行合并的功能（系统默认的格式），参数 HiveInputFormat 没有对小文件进行合并的功能。

例如：

```
set hive.input.format= org.apache.hadoop.hive.ql.io.CombineHiveInputFormat;
```

9.2.3 复杂文件增加 Map 个数

当输入文件都很大，任务逻辑复杂，Map 执行非常慢时，可以考虑增加 Map 个数，使得每个 Map 处理的数据量减少，从而提高任务的执行效率。

增加 Map 个数的方法：根据公式

computeSliteSize(Math.max(minSize,Math.min(maxSize,blocksize)))=blocksize=128MB

调整 maxSize 最大值。让 maxSize 最大值低于 Blocksize，就可以增加 Map 个数。

例如：

（1）执行查询

```
hive(hivedwh)>select count(*) from emp;

Hadoop job information for Stage-1:number of mappers:1;number of reducers: 1
```

（2）设置最大切片值为 100B

```
hive(hivedwh)>set
mapreduce.input.fileinputformat.split.maxsize=100;

hive(hivedwh)>select count(*) from emp;

Hadoop job information for Stage-1:number of mappers:6;number of reducers:1
```

9.2.4　合理设置 Reduce 个数

Reduce 个数的设定极大影响任务的执行效率。不指定 Reduce 个数的情况下，Hive 会猜测确定一个 Reduce 个数。基于以下两个参数进行设定。

参数 1：hive.exec.reducers.bytes.per.reducer，设置每个 Reduce 处理的数据量，默认值为 256MB。

参数 2：hive.exec.reducers.max，设置每个任务最大的 Reduce 个数，默认值为 1009。

计算 Reduce 个数的公式为

$$N=\min(\text{参数 2，总输入数据量/参数 1})$$

即如果 Reduce 的输入（Map 的输出）总大小不超过 1GB，那么只会有一个 Reduce。

1．设置 Reduce 个数的方法一

（1）每个 Reduce 处理的数据量，默认值是 256MB

```
hive(hivedwh)>set
hive.exec.reducers.bytes.per.reducer=256000000;
```

（2）每个任务最大的 Reduce 个数，默认值为 1009

```
hive(hivedwh)>set hive.exec.reducers.max=1009;
```

2．设置 Reduce 个数的方法二

在 Hadoop 的 mapred-default.xml 配置文件中修改，设置每个任务的 Reduce 个数：

```
hive(hivedwh)>set mapreduce.job.reduces = 15;
```

3．Reduce 个数并不是越多越好

① 过多地启动和初始化 Reduce，也会消耗时间和资源。

② 有多少个 Reduce，就会有多少个输出文件，如果生成了很多个小文件，则也会出现小文件过多的问题。

在设置 Reduce 个数时，需要考虑的两个原则：处理大数据量利用合适的 Reduce 个数；单个 Reduce 处理数据量大小要合适。

9.3 HQL 优化

HQL 优化是指在现有资源条件下，提高 Hive 的执行效率，包括 Group By 优化、Count（Distinct）优化、Hive 查询优化、Join 优化和 MapJoin 等方面。

9.3.1 Group By 优化

默认情况下，Map 阶段同一 Key 数据分发给一个 Reduce。并不是所有的聚合操作都需要在 Reduce 端完成的，很多聚合操作都可以先在 Map 端进行部分聚合，最后在 Reduce 端得出最终结果。在 Map 端进行部分聚合操作，效率更高但需要更多的内存。

开启 Map 端聚合需要设置以下参数。

hive.map.aggr：设置在 Map 端是否进行聚合，取值为 True 或 False，默认值为 True。

hive.groupby.mapaggr.checkinterval：在 Map 端设置聚合操作的条目数目，默认值为 100000 条。

hive.groupby.skewindata：有数据倾斜时是否进行负载均衡，取值为 True 或 False，默认值为 False。

有数据倾斜时进行负载均衡，当参数值设定为 True 时，生成的查询计划会有两个 MapReduce 作业。在第一个 MapReduce 作业中，Map 的输出结果会随机分布到 Reduce 中，每个 Reduce 做部分聚合操作输出结果，这样处理的结果是相同的 Group By Key 有可能被分发到不同的 Reduce 中，从而达到负载均衡的目的。第二个 MapReduce 作业再根据预处理的数据结果按照 Group By Key 分布到 Reduce 中，这个过程可以保证相同的 Group By Key 被分布到同一个 Reduce 中，完成最终的聚合操作。

9.3.2 小表、大表 Join

Hive 在实际的应用过程中，大部分情况都会涉及不同表的连接，例如在进行两个表的 Join 时，利用 MapReduce 的思想会消耗大量的内存，浪费磁盘的 I/O 空间，大幅度地影响性能。

多表连接会转换成多个 MapReduce 作业，每个 MapReduce 作业在 Hive 中称为 Join 阶段（Stage）。在每个 Stage，按照 Join 顺序中的最后一个表应尽量是大表，因为 Join 前一阶段生成的数据会存在于 Reduce 的 Buffer 中，通过 Join 最后面的表直接从 Reduce 的 Buffer 中读取已经缓冲的中间结果数据（这个中间结果数据可能是 Join 顺序中前面表连接的结果的 Key，数据量相对较小，内存开销就小），这样，与后面的大表进行连接时，只需要从 Buffer 中读取缓存的 Key，与大表中的指定 Key 进行连接，速度会更快，也可能避免内存缓冲区溢出。

把重复关联键少的表放在 Join 前面做关联，可以提高 Join 的效率。因为不论多复杂的 Hive 查询，最终都要转化成 MapReduce 作业去执行，所以 Hive 对于关联的实现应和 MapReduce 对于关联的实现类似。而 MapReduce 对于关联的实现，简单来说，是把关联键和标记在 Join 左边还是右边的标识位作为组合键（Key），把一条记录及标记在 Join 左边还是右边的标识位组合起来作为值（Value）。在 Reduce 的 Shuffle 阶段，按照组合键的关联键进行主排序，当关联键相同时，再按照标识位进行辅助排序。而在分区段时，只用关联键中的关联键进行分区段，这样关联键相同的记录就会放在同一个 Value List 中，同时保证了 Join 左边的表的记录在 Value List 前面，而 Join 右边的表的记录在 Value List 的后面。

例如，A Join B ON (A.id = B.id)，假设A表和B表都有1条id = 3的记录，那么A表这条记录的组合键是(3,0)，B表这条记录的组合键是(3,1)。排序时，可以保证A表的记录在B表的记录的前面。而在Reduce进行处理时，把id=3的记录放在同一个Value List中，形成Key = 3,Value List = [A表id=3的记录,B表id=3的记录]。

案例9-1 小表、大表Join

1. 需求

测试大表Join小表和小表Join大表的效率。其中小表有10万条数据，大表有100万条数据，数据分别存储在t_small.txt和t_big.txt文本文件中。大、小表具有相同的字段和数据类型，详细信息见表9-1。

表9-1 大、小表字段和数据类型

字段名称	id	click_date	user_id	keyword	rank	click	url
数据类型	bigint	bigint	string	string	int	int	string

2. 创建大表、小表和Join后的表

（1）创建大表t_big

```
    hive(hivedwh)>create table t_big(id bigint, click_date bigint, user_id string,
keyword string, rank int, click int, url string)
    row format delimited fields terminated by '\t';
```

（2）创建小表t_small

```
    hive(hivedwh)>create table t_small(id bigint, click_date bigint, user_id
string, keyword string, rank int, click int, url string)
    row format delimited fields terminated by '\t';
```

（3）创建Join后的表t_join

```
    hive(hivedwh)>create table t_join(id bigint, click_date bigint, user_id string,
keyword string, rank int, click int, url string)
    row format delimited fields terminated by '\t';
```

3. 向大表和小表中导入数据

```
    hive(hivedwh)>load data local inpath '/opt/datas/t_big.txt' into table t_big;

    hive(hivedwh)>load data local inpath '/opt/datas/t_small.txt' into table
t_small;
```

4. 关闭MapJoin功能（默认是打开的）

```
    hive(hivedwh)>set hive.auto.convert.join = false;
```

5. 执行小表Join大表操作

```
    hive(hivedwh)>insert overwrite table t_join select b.id,
    b.click_date, b.user_id, b.keyword, b.rank, b.click, b.url
    from t_small s
    left join t_big  b
    on b.id = s.id;

    Time taken: 19.54 seconds
```

6. 执行大表 Join 小表操作

```
hive(hivedwh)>insert overwrite table t_join select b.id,
b.click_date, b.user_id, b.keyword, b.rank, b.click, b.url
from t_big  b
left join t_small  s
on s.id = b.id;

Time taken: 14.095 seconds
```

实际测试发现，Hive 2.1.0 版本已经对小表 Join 大表和大表 Join 小表进行了优化，小表放在左边和右边已经没有明显区别了。

9.3.3 大表 Join 大表

1. 空 Key 过滤

表中出现空值或无意义值的情况很常见，比如往往会有一些数据项没有记录，一般视情况会将它置为 Null，或者空字符串、-1 等。如果缺失的项很多，在做 Join 时，这些空值就会非常集中，从而拖累进度。有时 Join 超时是因为某些 Key 对应的数据太多，而相同 Key 对应的数据都会发送到相同的 Reduce 上，从而导致内存不够。因此，若不需要空值数据，就提前用 Where 语句将其过滤掉。

案例 9-2 大表 Join 大表

（1）创建空 id 表 t_nullid

```
hive(hivedwh)>create table t_nullid(id bigint, click_date bigint, user_id
string, keyword string, rank int, click int, url string)
row format delimited fields terminated by '\t';
```

（2）加载空 id 数据到表中

```
hive(hivedwh)>load data local inpath '/opt/datas/t_nullid.txt' into table
t_nullid;
```

（3）测试不过滤空 id 的情况

```
hive(hivedwh)>insert overwrite table t_join
select n.* from t_nullid n left join t_big b on n.id = b.id;

Time taken: 20.009 seconds
```

（4）测试过滤空 id 的情况

```
hive(hivedwh)>insert overwrite table t_join
select n.* from (select * from t_nullid where id is not null ) n  left join t_big
b on n.id = b.id;

Time taken: 10.025 seconds
```

实际测试发现，空 Key 过滤后，大表 Join 大表明显进行了优化。

2. 空 Key 转换

空值数据若需要保留，可以将空 Key 用随机赋值方式处理。有时某个 Key 为空对应的数据很多，而且必须要包含在 Join 的结果中，此时可以将表中 Key 为空的字段赋一个随机值，使得数据随机均匀地分不到不同的 Reduce 上。

（1）不随机分布空 Null 值

① 新设置 Reduce 个数为 5

```
hive(hivedwh)>set mapreduce.job.reduces = 5;
```

② Join 两个大表

```
hive(hivedwh)>insert overwrite table t_join
select n.* from t_nullid n left join t_big b on n.id = b.id;
```

从测试结果可以看出，每个 Reduce 的运行时间差异较大，明显出现了数据倾斜，某些 Reduce 的资源消耗远大于其他 Reduce。

（2）随机分布空 Null 值

① 新设置 Reduce 个数为 5

```
hive(hivedwh)>set mapreduce.job.reduces = 5;
```

② 两个大表 Join

```
hive(hivedwh)>insert overwrite table t_join
select n.* from t_nullid n full join t_big b on
case when n.id is null then concat('hive', rand()) else n.id end = b.id;
```

从测试结果可以看出，负载均衡 Reduce 的资源消耗，消除了数据倾斜。

9.3.4 MapJoin

利用 Hive 进行 Join 连接操作，相对于 MapReduce 有两种执行方案：一种为 CommonJoin，另一种为 MapJoin。MapJoin 是相对于 CommonJoin 的一种优化，省去 Shuffle 和 Reduce 的过程，大大降低了作业运行的时间。

CommonJoin 也称为 ShuffleJoin，一般在两个表的大小相当，但又不是很大的情况下使用。具体流程就是在 Map 端进行数据的切分，一个块对应一个 Map 操作，然后进行 Shuffle 操作，把对应的块 Shuffle 到 Reduce 端去，再逐个进行联合。

MapJoin 是指当连接的两个表是一个比较小的表和一个比较大的表时，会把比较小的表直接放到内存中，然后再对比较大的表进行 Map 操作。Join 就发生在 Map 操作时，每扫描一个大表中的数据，就要去查看小表的数据，哪条与之相符，继而进行连接。这里的 Join 并不会涉及 Reduce 操作。MapJoin 的优势在于没有 Shuffle，运行的效率也会高很多。

MapJoin 还有一个使用场景是能够进行不等条件连接的 Join 操作。如果将不等条件写在 Where 语句中，那么 MapReduce 过程中会进行笛卡儿积 Join，运行效率特别低。如果使用 MapJoin 操作，在 Map 的过程中就完成了不等值的 Join 操作，效率会高很多。

如果不指定 MapJoin 或者不符合 MapJoin 的条件，那么 Hive 解析器会将 Join 操作转换成 CommonJoin，即在 Reduce 阶段完成 Join，在这种情况下容易发生数据倾斜。

与 MapJoin 有关的参数设置如下。

hive.auto.convert.join：设置是否开启 MapJoin，取值为 True 或 False，默认值为 True。

hive.mapjoin.t_small.filesize：设置小表的阈值，默认值为 25MB，默认值以下认为是小表。

案例 9-3　MapJoin

1．开启 MapJoin 功能

```
hive(hivedwh)>set hive.auto.convert.join = true;
```

2．执行小表 Join 大表语句

```
hive(hivedwh)>insert overwrite table t_join select b.id,
b.click_date, b.user_id, b.keyword, b.rank, b.click, b.url
from t_small s
join t_big  b
on s.id = b.id;

Time taken: 13.395 seconds
```

3．执行大表 Join 小表语句

```
hive(hivedwh)>insert overwrite table t_join select b.id,
b.click_date, b.user_id, b.keyword, b.rank, b.click, b.url
from t_big  b
join t_small  s
on s.id = b.id;

Time taken: 12.32 seconds
```

从以上测试结果看，开启 MapJoin 后，小表 Join 大表和大表 Join 小表的执行时间接近，已无明显区别，Hive 进行了优化。

9.3.5　Count 优化

在数据量大的情况下，由于 Count（Distinct）操作需要用一个 Reduce 任务来完成，如果这个 Reduce 任务需要处理的数据量太大，就会导致整个作业很难完成。

一般使用 Count（Distinct）时先进行 Group By 子查询，然后进行 Count 计算。这种方法的好处在于，在不同的 Reduce，各自进行 Count（Distinct）计算，充分发挥 Hadoop 的优势，然后进行 Count 计算。

案例 9-4　Count 优化

1．创建一个大表 t_big

```
hive(hivedwh)>create table t_big(id bigint, click_date bigint, user_id string,
keyword string, rank int, click int, url string)
row format delimited fields terminated by '\t';
```

2．向 t_big 表中加载数据

```
hive(hivedwh)>load data local inpath '/opt/datas/t_big.txt' into table t_big;
```

3．设置 Reduce 个数

```
hive(hivedwh)>set mapreduce.job.reduces = 5;
```

4．执行去重 id 查询

```
hive(hivedwh)>select count(distinct id) count_distinct from t_big;

OK
count_distinct
99947
Time taken: 2.493 seconds, Fetched: 1 row(s)
```

5．采用 Group By 去重 id

```
hive(hivedwh)>select count(id) count_id from (select id from t_big group by
id) a;

OK
count_id
99947
Time taken: 3.769 seconds, Fetched: 1 row(s)
```

从测试结果看，虽然会多用一个作业来完成，因为这里增加了一个 Group By 子查询，但查询时间并无明显变化，在数据量大的情况下，这个 Count 查询绝对是值得的。

9.3.6　行/列过滤优化

列过滤优化是指在进行 Select 查询时，只选择需要的列，如果有，尽量使用分区过滤，尽量少用 Select *。

行过滤优化是指在分区查询时，当使用外关联时，如果将副表的过滤条件写在 Where 语句后面，那么就会先全表关联，之后再过滤。

例如：

（1）先关联两个表，再用 Where 语句过滤

```
hive(hivedwh)>select s.id from t_big b
join t_small s on s.id = b.id
where s.id <= 10;

Time taken: 9.659 seconds
```

（2）通过 Select 子查询过滤后，再关联两个表

```
hive(hivedwh)>select b.id from t_big b
join (select id from t_small where id <= 10 ) s
on b.id = s.id;

Time taken: 9.601 seconds
```

9.3.7 动态分区调整优化

之前在第 4 章创建的分区表都是静态分区表，导入数据时必须知道分区目录。静态分区适用于使用处理时间作为分区字段，但是常常会遇到需要向分区表导入大量数据，而且导入前并不清楚归属的分区目录，这时使用动态分区可以解决以上问题。动态分区可以根据查询得到的数据动态分配到分区目录中。动态分区与静态分区的区别就是不指定分区目录，由系统自己选择。

动态分区可以设置部分分区字段为动态分区字段，也可以允许所有的分区字段都是动态分区字段，这时要设置参数 hive.exec.dynamic.partition.mode，它的默认值是 Strict，即不允许分区字段全部是动态的，必须指定至少一个分区为静态分区。如果其值设置为 Nonstrict，则表示允许所有的分区字段都可以使用动态分区。

与动态分区调整优化有关的参数还有以下几个。

hive.exec.dynamic.partition：是否开启动态分区功能，默认为 False，是关闭状态。使用动态分区时，该参数必须设置为 True。

hive.exec.max.dynamic.partitions：在所有执行 MapReduce 的节点上，最多一共可以创建多少个动态分区，默认值为 1000。

hive.exec.max.dynamic.partitions.pernode：在每个执行 MapReduce 的节点上，最多可以创建多少个动态分区。该参数需要根据实际的数据来设定。比如，源数据中包含了一年的数据，即 day 字段有 365 个值，那么该参数就需要设置成大于 365，如果使用默认值 100，则会报错。

hive.exec.max.created.files：整个 MapReduce 作业中，最多可以创建多少个 HDFS 文件，默认为 100000 个。

hive.error.on.empty.partition：当有空分区生成时，是否抛出异常，默认值为 False。

案例 9-5 动态分区调整优化

将 t_small 表中的数据按照时间（如 20201230000001），插入目标表 t_small_part_target 的相应分区中。

1．创建分区表

```
hive(hivedwh)>create table t_small_part(id bigint, click_date bigint, user_id string, keyword string, rank int, click int, url string)
partitioned by (p_time bigint)
row format delimited fields terminated by '\t';
```

2．加载数据到分区表中（这是静态分区方式）

```
hive(hivedwh)>load data local inpath '/opt/datas/t_small.txt' into table t_small_part partition(p_time='20201230000001');

hive(hivedwh)>load data local inpath '/opt/datas/t_small.txt' into table t_small_part partition(p_time='20201230000002');
```

3．创建目标分区表

```
hive(hivedwh)>create table t_small_part_target(id bigint, click_date bigint, user_id string, keyword string, rank int, click int, url string)
```

```
partitioned by (p_time string)
row format delimited fields terminated by '\t';
```

4. 设置动态分区

```
hive(hivedwh)>set hive.exec.dynamic.partition = true;
set hive.exec.dynamic.partition.mode = nonstrict;
set hive.exec.max.dynamic.partitions = 1000;
set hive.exec.max.dynamic.partitions.pernode = 100;
set hive.exec.max.created.files = 100000;
set hive.error.on.empty.partition = false;

hive(hivedwh)>insert overwrite table t_small_part_target partition(p_time)
select id, click_date, user_id, keyword, rank, click, url, p_time
from t_small_part;
```

5. 查看目标分区表的分区情况

```
hive(hivedwh)>show partitions t_small_part_target;
```

9.3.8 执行计划优化

Hive 的 Explain 命令用于显示 HQL 查询的执行计划，可以优化业务逻辑，减少作业的数据量。

HQL 查询被转化成序列阶段（这是一个有向无环图），这些阶段可能是 Map/Reduce 阶段，或者是 Metastore 或文件系统的操作，如移动和重命名的阶段。

HQL 查询的执行计划可生成查询的抽象语法树，也可生成执行计划的不同阶段之间的依赖关系。

1. 基本语法

EXPLAIN [EXTENDED | DEPENDENCY | AUTHORIZATION] select_statement

2. Hive 实例操作

（1）查看语句的执行计划

```
hive(hivedwh)>explain select empno, bday, score from emp;

OK
Explain
STAGE DEPENDENCIES:
  Stage-0 is a root stage

STAGE PLANS:
  Stage: Stage-0
    Fetch Operator
      limit: -1
      Processor Tree:
        TableScan
          alias: emp
          Statistics: Num rows: 8 Data size: 918 Basic stats: COMPLETE Column
```

```
stats: NONE
          Select Operator
            expressions: empno (type: int), bday (type: string), score (type:
double)
            outputColumnNames: _col0, _col1, _col2
            Statistics: Num rows: 8 Data size: 918 Basic stats: COMPLETE Column
stats: NONE
            ListSink
```

（2）查看执行计划

```
hive(hivedwh)>explain select deptno, avg(score) avg_score
from emp group by deptno;
```

习　题　9

一、选择题

1．Hive 可以通过（　　）在单台服务器上处理所有的任务，对于小数据集，执行时间可以明显缩短。

A．推测执行　　B．本地模式　　C．JVM 重用　　D．严格模式

2．在（　　）配置文件中配置参数 hive.exec.mode.local.auto，可以开启本地模式。

A．hive-default.xml　　B．hive-site.xml

C．core-site.xml　　D．mapred-site.xml

3．Fetch 抓取是指在 Hive 中对某些情况的查询可以不必执行（　　）程序。

A．Hadoop　　B．Reduce　　C．Map　　D．MapReduce

4．在 hive-default.xml 配置文件中通过设置参数 hive.exec.parallel 的属性值为 True，可以开启（　　）。

A．Fetch 抓取　　B．本地模式　　C．并行执行　　D．严格模式

5．在 hive-default.xml 配置文件中通过设置参数 hive.mapred.mode 的属性值，可以开启（　　）。

A．Fetch 抓取　　B．本地模式　　C．并行执行　　D．严格模式

6．JVM 重用可以使得 JVM 实例在同一个作业中重新使用 *N* 次。*N* 的值可以在配置文件（　　）中进行配置。

A．hive-default.xml　　B．hive-site.xml

C．core-site.xml　　D．mapred-site.xml

7．设置在 Map 端是否进行聚合，需要设置的参数为（　　）。

A．hive.map.aggr　　B．hive.groupby.mapaggr.checkinterval

C．hive.groupby.skewindata　　D．hive.auto.convert.join

二、多选题

1．Hive 参数优化包括（　　）等内容。

A．Fetch 抓取　　B．本地模式　　C．并行执行　　D．严格模式

2．在 hive-default.xml 配置文件中 Fetch 抓取参数 hive.fetch.task.conversion 的属性值分别

为（　　）。

A．None　　B．Nonstrict　　C．Minimal　　D．More

3．设置推测执行参数在（　　）文件中进行配置，默认是开启的状态。

A．hive-default.xml　　B．hive-site.xml

C．core-site.xml　　D．mapred-site.xml

4．开启严格模式可以禁止（　　）类型的查询。

A．带有分区的表的查询　　B．Join 查询

C．带有 Order By 的查询　　D．限制笛卡儿积的查询

5．解决数据倾斜的方法包括（　　）等。

A．合理设置 Map 个数　　B．合并小文件

C．复杂文件增加 Map 个数　　D．合理设置 Reduce 个数

6．HQL 优化是指在有限资源下，提高 Hive 执行效率，包括（　　）等方面。

A．Group By 优化　　B．Hive 查询优化

C．Join 优化　　D．MapJoin

7．与动态分区调整优化有关的参数包括（　　）。

A．hive.exec.dynamic.partition　　B．hive.exec.max.dynamic.partitions

C．hive.exec.max.created.files　　D．hive.exec.max.dynamic.partitions.pernode

三、判断题

1．Hive 参数优化是指在 Hive 配置文件中对参数的属性值进行重新优化配置，从而达到优化的目的。（　　）

A．正确　　B．错误

2．把 Fetch 抓取参数 hive.fetch.task.conversion 的属性值设置成 More，然后执行查询语句，不会执行 MapReduce 程序。（　　）

A．正确　　B．错误

3．通过设置参数 hive.mapred.mode 的属性值，可以开启严格模式，其属性值有 Strict 和 Nonstrict（默认值）。（　　）

A．正确　　B．错误

4．实际测试发现， Hive 2.1.0 版本已经对小表 Join 大表和大表 Join 小表进行了优化，小表放在左边和右边已经没有明显区别了。（　　）

A．正确　　B．错误

四、简答题

1．简述数据倾斜的主要表现及其形成原因。

2．简述如何计算 Reduce 的个数。

3．简述 MapJoin。

五、实践题

上机测试大表 Join 大表的优化效果。

第 10 章 综合案例 1：广电大数据分析

现有用户观看历史和用户信息两个广电大数据文件*，将对用户数据进行大数据分析。

10.1 案例需求分析

依据现有用户观看历史和用户信息数据，分析二者的常规指标，即各种 Top *N* 指标，例如：

① 基本信息查询；

② 单个用户观看时长 Top20；

③ 用户观看时长 Top20；

④ 电视观看数 Top20；

⑤ 电视观看时长 Top20；

⑥ 用户正常状态及数量。

10.2 案例数据及建表

案例数据已经经过 ETF，符合数据处理的要求，在此基础上创建数据仓库表并向其中导入数据。

10.2.1 原始数据

用户观看历史文件 486.5MB，共有约 3360218 条数据，每条记录有 17 个字段。用户信息数据文件 922.8KB，共有约 15660 条数据，每条记录有 7 个字段。

10.2.2 数据表结构

数据表的字段及其数据类型等结构信息分别详见表 10-1 和表 10-2。

1. 观看历史表

表 10-1 观看历史表

字段名称	描述	字段数据类型
phone_no	用户名	String
duration	观看时长（ms）	Int
station_name	直播频道名称	String
origin_time	开始观看时间	String

* 数据来源：https://edu.tipdm.org,https://www.tvmao.com/program。

续表

字段名称	描述	字段数据类型
end_time	结束观看时间	String
res_name	设备名称	String
owner_code	用户等级号	String
owner_name	用户等级名称	String
category_name	节目分类	String
res_type	节目类型	String
vod_title	节目名称 1	String
program_title	节目名称 2	String
day	星期几	String
origin_time1	开始观看时间（格式化）	String
end_time1	结束观看时间（格式化）	String
wat_time	观看时长（s）	Int
date	日期（格式化）	String

2．用户信息表

表 10-2 用户信息表

字段名称	描述	字段数据类型
phone_no	用户名	String
owner_name	用户等级名称	String
run_name	状态名	String
run_time	状态更新时间	String
sm_name	电视种类	String
owner_code	识别码	String

10.2.3 创建表

1．创建存储格式为 TextFile 的表 text_see 和 text_user（用于存储原始数据）

观看历史表 text_see：

```
create table text_see(
   phone_no string,
   duration int,
   station_name string,
   origin_time string,
   end_time string,
   res_name string,
   owner_code string,
   owner_name string,
   category_name string,
```

```
    res_type string,
    vod_title string,
    program_title string,
    day string,
    origin_time1 string,
    end_time1 string,
    wat_time int,
    data string)
row format delimited fields terminated by ","
stored as textfile;
```

用户信息表 text_user:

```
create table text_user(
phone_no string,
owner_name string,
run_name string,
run_time string,
sm_name string,
owner_code string)
row format delimited fields terminated by ","
stored as textfile;
```

2. 创建存储格式为 ORC 的表 orc_see 和 orc_user

观看历史表 orc_see:

```
create table orc_see(
  phone_no string,
    duration int,
    station_name string,
    origin_time string,
    end_time string,
    res_name string,
    owner_code string,
    owner_name string,
    category_name string,
    res_type string,
    vod_title string,
    program_title string,
    day string,
    origin_time1 string,
    end_time1 string,
    wat_time int,
    data string)
row format delimited fields terminated by ","
stored as orc;
```

用户信息表 orc_user:

```
create table orc_user(
phone_no string,
```

```
owner_name string,
run_name string,
run_time string,
sm_name string,
owner_code string)
row format delimited fields terminated by ","
stored as orc;
```

10.2.4　向 TextFile 表导入数据

观看历史文件存储在本地系统/opt/datas 目录下，将其导入表 text_see 中：

```
load data local inpath "/opt/datas/media3.txt" into table text_see;
```

用户信息文件存储在本地系统/opt/datas 目录下，将其导入表 text_user 中：

```
load data local inpath "/opt/datas/userevents.txt" into table text_user;
```

10.2.5　向 ORC 表导入数据

将表 text_see 中数据加载到表 orc_see 中：

```
insert into table orc_see select * from text_see;
```

将表 text_user 中数据加载到表 orc_user 中：

```
insert into table orc_user select * from text_user;
```

创建完成的表：

```
show tables;
+-------------+--+
|  tab_name   |
+-------------+--+
| orc_user    |
| orc_see     |
| text_user   |
| text_see    |
+-------------+--+
```

10.3　数据统计分析

创建数据仓库表并向其中导入数据后，可以对用户观看历史和用户信息数据进行大数据分析。

10.3.1　基本信息查询

查询表 orc_see 的记录总数：

```
select count(*) from orc_see;

+---------+--+
|  c0     |
+---------+--+
```

```
| 3360218  |
+---------+--+
```

查询表 orc_user 的记录总数：

```
select count(*) from orc_user;

+----------+--+
|   c0    |
+----------+--+
| 15660    |
+----------+--+
```

查看表 text_see 的数据大小：

```
dfs -du -h /user/hive/warehouse/text_see;

+-----------------------------------------------------+--+
|               DFS Output                            |
+-----------------------------------------------------+--+
| 486.5 M  /user/hive/warehouse/text_see/media3.txt    |
+-----------------------------------------------------+--+
```

查看表 text_user 的数据大小：

```
dfs -du -h /user/hive/warehouse/text_user;

+------------------------------------------------------+---+
|               DFS Output                                 |
+------------------------------------------------------+---+
| 922.8 K  /user/hive/warehouse/text_user/userevents.txt  |
+------------------------------------------------------+---+
```

10.3.2 单个用户观看时长 Top20

对 orc_see 表使用 Order By 按照 duration 字段做一个全局降序排序，并且设置只显示前 20 条，即 Top20。

```
select phone_no,duration
from orc_see
order by duration desc
limit 20;

OK
phone_no      duration
16803277217   17952000
16801706140   17770000
16804303072   17701000
16801846304   17565000
16802718745   17442000
16803116937   17390000
16802718745   17358000
```

```
16801762660   17339000
16815156290   17265000
16805535611   17221000
16801706140   17101000
16816648843   16966000
16802692143   16945000
16801451397   16746000
16806228311   16738000
16850093721   16585000
16806140881   16534000
16802692143   16466000
16802692143   16437000
16804343793   16399000
```

10.3.3　用户观看时长 Top20

按照用户 Group By 聚合，然后统计组内的时长即可。按照时长排序，显示前 20 条，即 Top20。

```
select
   phone_no as name, sum(wat_time) as time
from orc_see
group by phone_no
order by time desc
limit 20;

OK
name           time
16850164896   1647378
16802733589   1623130
16804474285   1615768
16801846304   1569660
16812048039   1567933
16801569527   1566982
16801842820   1557059
16802718745   1548909
16805560863   1517577
16850125182   1515712
16815235956   1511314
16803388048   1510039
16813147563   1507755
16850192488   1506920
16801518980   1486392
16803194543   1477525
16801314658   1469680
16817424838   1459575
16803140947   1453527
16831169030   1452962
```

10.3.4 电视观看数 Top20

统计观看数最高的 20 个电视节目及类别（包含 Top20 观看数）：

```
select
station_name as station,count(category_name)  as num
from orc_see
group by
   station_name
order by num desc
limit 20;

OK
station    num
中央5台     163781
中央1台     129201
凤凰中文    122023
中央4台     110457
广州电视    101058
CCTV5+体育赛事 91700
广东体育    84990
中央6台     83609
中央10台    74952
广东南方卫视    74594
翡翠台      73315
中央新闻    68643
江苏卫视    68356
中央3台     65601
澳亚卫视    64541
东方卫视    63152
广东珠江    62796
广州新闻    60802
中央8台     58544
北京卫视    58422
```

10.3.5 电视观看时长 Top20

统计电视观看时长 Top20：

```
select
station_name as station,sum(duration)  as num
from orc_see
group by
   station_name
order by
num desc
limit 20;
```

```
station    num
中央5台     544676895
中央1台     497920248
广州电视    374891174
中央4台     372123115
凤凰中文    366140768
中央6台     315305837
江苏卫视    295107939
广东南方卫视     285096413
中央8台     264997663
广东珠江    258892319
CCTV5+体育赛事 255354897
广东体育    249467274
中央新闻    241371130
中央3台     237948074
翡翠台      233741683
中央10台    223937273
澳亚卫视    208367957
东方卫视    200640580
广东卫视    187900685
```

10.3.6　用户正常状态及数量

依据 orc_user 表对 run_name 状态进行计数和排序：

```
select
run_name, count(run_name)
from orc_user;

run_name   c1
主动暂停     94
主动销户     8
创建     1845
欠费暂停     3344
正常     10369
```

第 11 章　综合案例 2：影评大数据分析

现有电影、影评和用户信息 3 个数据文件*，将对其进行大数据分析。

11.1　案例需求分析

依据现有电影、影评和用户信息 3 个数据文件，分析数据的常规指标，例如：

① 评分次数最多的 10 部电影；
② 性别当中评分最高的 10 部电影；
③ 一部电影各年龄段的平均影评；
④ 评分最高的 10 部电影的平均评分；
⑤ 好片最多年份的最好看电影 Top10；
⑥ 评分最高的 10 部 Comedy 类电影；
⑦ 各种类型电影中评价最高的 5 部电影。

11.2　案例数据及建表

案例数据经过 ETL，符合数据处理的要求，在此基础上创建数据仓库表并向其中导入数据。

11.2.1　原始数据

现有 3 个数据文件。

1．users.txt

users.txt 共有 6040 条记录数据，文件大小为 131.2KB。对应字段及其数据类型分别为 userid Bigint、sex String、age Int、occupation String、zipcode String。对应字段中文描述解释分别为用户 ID、性别、年龄、职业、邮政编码。

2．movies.txt

movies.txt 共有 3883 条记录数据，文件大小为 167.4KB。对应字段及其数据类型分别为 movieid Bigint、moviename String、movietype String，对应字段中文描述解释分别为电影 ID、电影名字、电影类型。

3．ratings.txt

ratings.txt 共有 1000209 条记录数据，文件大小为 23.5MB。对应字段及其数据类型分别为 userid Bigint、movieid Bigint、rate Double、times String，对应字段中文描述解释分别为用户 ID、电影 ID、评分、评分时间戳。

---

* 数据来源：https://www.cnblogs.com/frankdeng/p/9309668.html。

11.2.2　创建表及导入数据

1．创建一个数据仓库 movie

```
create database movie;
use movie;
```

2．创建 t_user 表及导入数据

```
create table t_user(userid bigint,sex string,age int,occupation string,zipcode string)
row format delimited fields terminated by '\t';

load data local inpath "/opt/datas/users.txt" into table t_user;
```

3．创建 t_movie 表及导入数据

```
create table t_movie(movieid bigint,moviename string,movietype string)
row format delimited fields terminated by '\t';

load data local inpath "/opt/datas/movies.txt" into table t_movie;
```

4．创建 t_rating 表及导入数据

```
create table t_rating(userid bigint,movieid bigint,rate double,times string)
row format delimited fields terminated by '\t';

load data local inpath "/opt/datas/ratings.txt" into table t_rating;
```

11.2.3　基本信息查询

查询表 t_user 的记录总数：

```
select count(*) from t_user;

OK
c0
6040
```

查询表 t_movie 的记录总数：

```
select count(*) from t_movie;

OK
c0
3883
```

查询表 t_rating 的记录总数：

```
select count(*) from t_rating;

OK
c0
1000209
```

查看 3 个表文件的数据大小：

```
dfs -du -h /user/hive/warehouse/movie.db/t*;
167.4 K  /user/hive/warehouse/movie.db/t_movie/movies.txt
23.5 M  /user/hive/warehouse/movie.db/t_rating/ratings.txt
131.2 K  /user/hive/warehouse/movie.db/t_user/users.txt
```

11.3 数据统计分析

创建数据仓库表并向其中导入数据后，可以对这些数据进行大数据分析。

11.3.1 评分次数最多的 10 部电影

统计评分次数最多的 10 部电影，并给出评分次数（电影名、评分次数）。

（1）按照电影名进行分组统计，求出每部电影的评分次数并按照评分次数降序排序，保存在表 answer2 中：

```
create table answer2 as
select a.moviename as moviename,count(a.moviename) as total
from t_movie a join t_rating b on a.movieid=b.movieid
group by a.moviename
order by total desc
limit 10;
```

（2）查询表 answer2：

```
select * from answer2;

answer2.moviename   answer2.total
American Beauty (1999) 3428
Star Wars: Episode IV - A New Hope (1977)  2991
Star Wars: Episode V - The Empire Strikes Back (1980)  2990
Star Wars: Episode VI - Return of the Jedi (1983)  2883
Jurassic Park (1993)   2672
Saving Private Ryan (1998) 2653
Terminator 2: Judgment Day (1991)  2649
Matrix, The (1999)  2590
Back to the Future (1985)  2583
Silence of the Lambs, The (1991)   2578
```

11.3.2 性别当中评分最高的 10 部电影

统计男性、女性当中评分最高的 10 部电影（性别、电影名、影评分）。

（1）创建表 answer3_F，保存女性当中评分最高的 10 部电影（性别、电影名、影评分），分组条件为评论次数大于或等于 50 次：

```
create table answer3_F as
select "F" as sex, c.moviename as name, avg(a.rate) as avgrate,
count(c.moviename) as total
from t_rating a join t_user b on a.userid=b.userid
join t_movie c on a.movieid=c.movieid
```

```
where b.sex="F"
group by c.moviename
having total >= 50
order by avgrate desc
limit 10;
```

（2）查询表 answer3_F：

```
select sex,name,round(avgrate,2),total from answer3_F;

OK
sex    name   c2  total
F  Close Shave, A (1995)   4.64 180
F  Wrong Trousers, The (1993) 4.59 238
F  Sunset Blvd. (a.k.a. Sunset Boulevard) (1950)   4.57    117
F  Wallace & Gromit: The Best of Aardman Animation (1996) 4.56    103
F  Schindler's List (1993) 4.56 615
F  Shawshank Redemption, The (1994)    4.54    627
F  Grand Day Out, A (1992) 4.54 132
F  To Kill a Mockingbird (1962)    4.54    300
F  Creature Comforts (1990)   4.51 72
F  Usual Suspects, The (1995) 4.51 413
```

（3）创建表 answer3_M，保存男性当中评分最高的 10 部电影（性别、电影名、影评分），要求评论次数大于或等于 50 次：

```
create table answer3_M as
select "M" as sex, c.moviename as name, avg(a.rate) as avgrate,
count(c.moviename) as total
from t_rating a join t_user b on a.userid=b.userid
join t_movie c on a.movieid=c.movieid
where b.sex="M"
group by c.moviename
having total >= 50
order by avgrate desc
limit 10;
```

（4）查询表 answer3_M：

```
select sex,name,round(avgrate,2),total from answer3_M;

OK
sex    name   c2  total
M  Sanjuro (1962)   4.64   61
M  Godfather, The (1972)   4.58 1740
M  Seven Samurai (The Magnificent Seven) (Shichinin no samurai) (1954)
   4.58   522
M  Shawshank Redemption, The (1994)    4.56    1600
M  Raiders of the Lost Ark (1981)  4.52    1942
M  Usual Suspects, The (1995) 4.52 1370
M  Star Wars: Episode IV - A New Hope (1977)   4.5 2344
```

```
M   Schindler's List (1993) 4.49 1689
M   Paths of Glory (1957)   4.49 202
M   Wrong Trousers, The (1993) 4.48  644
```

11.3.3　一部电影各年龄段的平均影评

统计 movieid = 2116 这部电影各年龄段的平均影评（年龄段、影评分）。

（1）对 t_user 和 t_rating 表进行联合查询，用 movieid=2116 作为过滤条件，用年龄段作为分组条件，查询结果保存在表 answer4 中：

```
create table answer4 as
select a.age as age, avg(b.rate) as avgrate
from t_user a join t_rating b on a.userid=b.userid
where b.movieid=2116
group by a.age;
```

（2）查询表 answer4：

```
select age,round(avgrate,2) from answer4;

OK
age     c1
1       3.29
18      3.36
25      3.44
35      3.23
45      2.83
50      3.32
56      3.5
```

11.3.4　评分最高的 10 部电影的平均影评分

统计最喜欢看电影（影评次数最多）的那位女性评分最高的 10 部电影的平均影评分（观影者、电影名、影评分）。

（1）查询最喜欢看电影的那位女性，查询的字段分别为 t_user.sex（性别）和 count t_rating.userid（观影次数）：

```
select a.userid, count(a.userid) as total
from t_rating a join t_user b on a.userid = b.userid
where b.sex="F"
group by a.userid
order by total desc
limit 1;
```

（2）根据上述（1）中查询的女性 userid 作为 Where 过滤条件，以看过的电影的影评分 rate 作为排序条件进行排序，统计出评分最高的 10 部电影，并将查询结果保存在表 answer5_B 中：

```
create table answer5_B as
select a.movieid as movieid, a.rate as rate
from t_rating a
where a.userid=1150
```

```
order by rate desc
limit 10;
```

（3）查询表 answer5_B：

```
select * from answer5_B;

OK
answer5_b.movieid    answer5_b.rate
745     5.0
1279    5.0
1236    5.0
904     5.0
750     5.0
2997    5.0
2064    5.0
905     5.0
1094    5.0
1256    5.0
```

（4）统计上述（3）中 10 部电影的平均影评分，需要查询的字段分别为 answer5_B.movieid（电影的 ID）和 t_rating.rate（影评分），并将查询结果保存在表 answer5_C 中：

```
create table answer5_C as
select b.movieid as movieid, c.moviename as moviename, avg(b.rate) as avgrate
from answer5_B a join t_rating b on a.movieid=b.movieid
join t_movie c on b.movieid=c.movieid
group by b.movieid,c.moviename;
```

（5）查询表 answer5_C：

```
select movieid,moviename,round(avgrate,2) from answer5_C;

OK
movieid    moviename c2
745     Close Shave, A (1995)    4.52
750     Dr. Strangelove or: How I Learned to Stop Worrying and Love the Bomb (1963)
    4.45
904     Rear Window (1954)    4.48
905     It Happened One Night (1934) 4.28
1094    Crying Game, The (1992) 3.73
1236    Trust (1990)  4.19
1256    Duck Soup (1933) 4.21
1279    Night on Earth (1991)    3.75
2064    Roger & Me (1989)    4.07
2997    Being John Malkovich (1999)  4.13
```

11.3.5 好片最多年份的最好看电影 Top10

统计好片（评分≥4.0）最多的年份的最好看电影 Top10。

（1）将 t_rating 和 t_movie 表进行联合查询，截取电影名中的上映年份，并将查询结果保存至表 answer6_A：

```
create table answer6_A as select
a.movieid as movieid, a.moviename as moviename,
substr(a.moviename,-5,4) as years, avg(b.rate) as avgrate
from t_movie a join t_rating b on a.movieid=b.movieid
group by a.movieid, a.moviename;
```

（2）查询表 answer6_A：

```
select * from answer6_A;
```

（3）按照年份将 answer6_A 分组，评分≥4.0 作为过滤条件，按照 count(years)作为排序条件进行查询：

```
select years, count(years) as total
from answer6_A a
where avgrate >= 4.0
group by years
order by total desc
limit 1;
```

（4）按照 years=1998 作为 Where 过滤条件，按照评分作为排序条件进行查询，并保存至表 answer6_C：

```
create table answer6_C as
select a.moviename as name, a.avgrate as rate
from answer6_A a
where a.years=1998
order by rate desc
limit 10;
```

（5）查询表 answer6_C：

```
select name,round(rate,2) from answer6_C;

OK
name                          c1
Follow the Bitch (1998)    5.0
Apple, The (Sib) (1998)    4.67
Inheritors, The (Die Siebtelbauern) (1998) 4.5
Return with Honor (1998)   4.4
Saving Private Ryan (1998) 4.34
Celebration, The (Festen) (1998)   4.31
West Beirut (West Beyrouth) (1998) 4.3
Central Station (Central do Brasil) (1998) 4.28
42 Up (1998)  4.23
American History X (1998)  4.23
```

11.3.6　评分最高的 10 部 Comedy 类电影

统计 1997 年上映的电影中评分最高的 10 部 Comedy 类电影。

（1）将 answer6_A 表和 t_movie 表进行联合查询，保存至表 answer7_A：

```
create table answer7_A as
```

```
    select b.movieid as id, b.moviename as name, b.years as years, b.avgrate as
rate, a.movietype as type
    from t_movie a join answer6_A b on a.movieid=b.movieid;
```

（2）表 answer7_A 按照电影类型中是否包含 Comedy 和按照评分≥4.0 作为 Where 过滤条件，按照评分作为排序条件进行查询，将结果保存到表 answer7_B 中。其中，instr 函数返回字符串 str 中子字符串 substr 第一次出现的位置，在 SQL 中第一字符的位置是 1，如果 str 不含 substr，则返回 0。lcase 函数把字段的值转换为小写。

```
create table answer7_B as
select t.id as id, t.name as name, t.rate as rate
from answer7_A t
where t.years=1997 and instr(lcase(t.type),'comedy') >0
order by rate desc
limit 10;
```

（3）查询表 answer7_B：

```
select id,name,round(rate,2) from answer7_B;

OK
id      name    c2
2324    Life Is Beautiful (La Vita bella) (1997)     4.33
2444    24 7: Twenty Four Seven (1997)   4.0
1827    Big One, The (1997) 4.0
1871    Friend of the Deceased, A (1997) 4.0
1784    As Good As It Gets (1997)    3.95
2618    Castle, The (1997)   3.89
1641    Full Monty, The (1997)  3.87
1564    Roseanna's Grave (For Roseanna) (1997)   3.83
1734    My Life in Pink (Ma vie en rose) (1997) 3.83
1500    Grosse Pointe Blank (1997)   3.81
```

11.3.7　各种类型电影中评价最高的 5 部电影

统计各种类型电影中评价最高的 5 部电影（类型、电影名、平均影评分）。

（1）将表 answer7_A 中的 type 字段进行裂变，将结果保存到表 answer8_A 中。其中，Lateral View 用于和 Split、Explode 等函数一起使用，能将一行数据拆分成多行数据，在此基础上可以对拆分的数据进行聚合。Lateral View 首先为原始表的每行调用 UDTF，UDTF 会把一行拆分成一行或者多行，Lateral View 再把结果组合，产生一个支持别名表的虚拟表。

```
    create table answer8_A as
    select a.id as id, a.name as name, a.years as years, a.rate as rate, tv.type
as type
    from answer7_A a
    lateral view explode(split(a.type,"\\|")) tv as type;
```

（2）查询表 answer8_A：

```
select * from answer8_A;
```

（3）按照 type 分组，添加一列记录每组的顺序，将结果保存到表 answer8_B 中：

```
    create table answer8_B as
    select id,name,years,rate,type,row_number() over(distribute by type sort by
rate desc ) as num
    from answer8_A;
```

（4）查询表 answer8_B：

```
    select * from answer8_B;
```

（5）从表 answer8_B 中取出 num 列序号≤5：

```
    select a.id, a.name, a.years, round(a.rate,2), a.type, a.num from answer8_B
where a.num <= 5;

    a.id    a.name a.years    a.rate a.type    a.num
    2905    Sanjuro (1962)    1962    4.61 Action  1
    2019    Seven Samurai (The Magnificent Seven) (Shichinin no samurai) (1954)
       1954    4.56    Action 2
    858 Godfather, The (1972)    1972 4.52    Action  3
    1198    Raiders of the Lost Ark (1981)   1981    4.48    Action  4
    260 Star Wars: Episode IV - A New Hope (1977)   1977    4.45    Action  5
    3172    Ulysses (Ulisse) (1954) 1954 5.00    Adventure   1
    2905    Sanjuro (1962)    1962    4.61 Adventure   2
    1198    Raiders of the Lost Ark (1981)   1981    4.48    Adventure   3
    260 Star Wars: Episode IV - A New Hope (1977)   1977    4.45    Adventure
       4
    1204    Lawrence of Arabia (1962)    1962    4.40    Adventure   5
    745 Close Shave, A (1995)    1995 4.52    Animation   1
    1148    Wrong Trousers, The (1993)    1993    4.51    Animation   2
    720 Wallace & Gromit: The Best of Aardman Animation (1996) 1996    4.43
       Animation 3
    1223    Grand Day Out, A (1992) 1992 4.36    Animation   4
    3429    Creature Comforts (1990) 1990    4.34    Animation   5
    919 Wizard of Oz, The (1939)    1939 4.25    Children's  1
    3114    Toy Story 2 (1999)   1999 4.22    Children's  2
    1   Toy Story (1995) 1995   4.15 Children's  3
    2761    Iron Giant, The (1999)  1999 4.05    Children's  4
    1023    Winnie the Pooh and the Blustery Day (1968) 1968    3.99
       Children's    5
    1830    Follow the Bitch (1998) 1998 5.00    Comedy  1
    3233    Smashing Time (1967)    1967 5.00    Comedy  2
    3607    One Little Indian (1973) 1973    5.00    Comedy  3
    745 Close Shave, A (1995)    1995 4.52    Comedy  4
    1148    Wrong Trousers, The (1993)    1993    4.51    Comedy  5
    3656    Lured (1947)  1947    5.00 Crime    1
    858 Godfather, The (1972)    1972 4.52    Crime    2
    50  Usual Suspects, The (1995) 1995 4.52    Crime    3
    3517    Bells, The (1926)    1926 4.5 Crime    4
    3435    Double Indemnity (1944) 1944 4.42    Crime    5
```

```
787 Gate of Heavenly Peace, The (1995)  1995    5.00    Documentary 1
3881    Bittersweet Motel (2000) 2000    5.00    Documentary 2
3338    For All Mankind (1989)  1989 4.44    Documentary 3
2930    Return with Honor (1998) 1998    4.44    Documentary 4
128 Jupiter's Wife  (1994)   1994 4.33    Documentary 5
3607    One Little Indian (1973) 1973    5.00    Drama   1
989 Schlafes Bruder (Brother of Sleep) (1995)   1995    5.00    Drama   2
3382    Song of Freedom (1936)  1936 5.00    Drama   3
3245    I Am Cuba (Soy Cuba/Ya Kuba) (1964) 1964    4.80    Drama   4
53  Lamerica (1994)  1994   4.75 Drama   5
260 Star Wars: Episode IV - A New Hope (1977)   1977    4.45    Fantasy 1
792 Hungarian Fairy Tale, A (1987)  1987    4.00    Fantasy 2
1097    E.T. the Extra-Terrestrial (1982)   1982    3.97    Fantasy 3
247 Heavenly Creatures (1994)   1994 3.87    Fantasy4
1073    Willy Wonka and the Chocolate Factory (1971)    1971    3.86
    Fantasy   5
922 Sunset Blvd. (a.k.a. Sunset Boulevard) (1950)   1950    4.49
    Film-Noir 1
3435    Double Indemnity (1944) 1944 4.42    Film-Noir   2
913 Maltese Falcon, The (1941) 1941 4.40    Film-Noir   3
1252    Chinatown (1974) 1974   4.34 Film-Noir   4
1267    Manchurian Candidate, The (1962) 1962    4.33    Film-Noir   5
3280    Baby, The (1973) 1973   5.00 Horror  1
1278    Young Frankenstein (1974)   1974    4.25    Horror  2
1219    Psycho (1960) 1960   4.22 Horror  3
1214    Alien (1979)  1979   4.16 Horror  4
1258    Shining, The (1980)  1980 4.10    Horror  5
899 Singin' in the Rain (1952) 1952 4.28    Musical1
919 Wizard of Oz, The (1939)   1939 4.25    Musical2
1288    This Is Spinal Tap (1984)   1984    4.18    Musical3
1066    Shall We Dance? (1937)  1937 4.17    Musical 4
914 My Fair Lady (1964) 1964   4.15 Musical 5
578 Hour of the Pig, The (1993) 1993    4.50    Mystery 1
904 Rear Window (1954)  1954   4.48 Mystery 2
1212    Third Man, The (1949)   1949 4.45    Mystery 3
913 Maltese Falcon, The (1941) 1941 4.40    Mystery4
1252    Chinatown (1974) 1974   4.34 Mystery 5
3888    Skipped Parts (2000)    2000 4.50    Romance 1
912 Casablanca (1942)   1942   4.41 Romance 2
3307    City Lights (1931)  1931 4.39    Romance 3
1197    Princess Bride, The (1987)  1987    4.30    Romance4
898 Philadelphia Story, The (1940)  1940    4.30    Romance5
260 Star Wars: Episode IV - A New Hope (1977)   1977    4.45    Sci-Fi  1
750 Dr. Strangelove or: How I Learned to Stop Worrying and Love the Bomb (1963)
    1963    4.45    Sci-Fi 2
2571    Matrix, The (1999)  1999 4.32    Sci-Fi  3
```

```
1196    Star Wars: Episode V - The Empire Strikes Back (1980)    1980    4.29
    Sci-Fi 4
541 Blade Runner (1982) 1982    4.27 Sci-Fi  5
745 Close Shave, A (1995)   1995 4.52    Thriller    1
50  Usual Suspects, The (1995) 1995 4.52    Thriller2
904 Rear Window (1954)  1954    4.48 Thriller    3
1212    Third Man, The (1949)   1949 4.45    Thriller    4
2762    Sixth Sense, The (1999) 1999 4.41    Thriller    5
527 Schindler's List (1993) 1993 4.51    War 1
1178    Paths of Glory (1957)   1957 4.47    War 2
750 Dr. Strangelove or: How I Learned to Stop Worrying and Love the Bomb (1963)
    1963    4.45    War 3
912 Casablanca (1942)   1942    4.41 War 4
1204    Lawrence of Arabia (1962)   1962    4.40    War 5
3607    One Little Indian (1973) 1973    5.00    Western 1
3030    Yojimbo (1961)  1961    4.40 Western 2
1304    Butch Cassidy and the Sundance Kid (1969)   1969    4.22    Western
    3
1283    High Noon (1952) 1952   4.18 Western 4
1201    Good, The Bad and The Ugly, The (1966)  1966    4.13    Western 5
3830    Psycho Beach Party (2000)   2000    2.88    comedy  1
```

第12章　上 机 实 验

实验1　Hive安装部署

实验时间：________________　实验地点：________________
姓　　名：________________　学　　号：________________

【实验目的及要求】

（1）了解Hive的安装部署。

（2）了解Hive的工作原理。

【实验系统环境及版本】

（1）Linux Ubuntu 16.04。

（2）JDK1.8。

（3）Hadoop 2.7.1。

（4）MySQL 5.6.24。

【实验任务】

在已安装配置好的Hadoop和MySQL环境基础上，安装并配置Hive。

【实验内容及步骤】

（1）在Linux本地，新建/opt/datas/hive1目录，用于存放所需安装包文件。

```
mkdir -p /opt/datas/hive1
```

使用WinSCP软件，将Hive安装包apache-hive-2.1.0-bin.tar.gz导入本地目录/opt/datas/hive1下。

（2）将/opt/datas/hive1目录下的apache-hive-2.1.0-bin.tar.gz安装包解压到当前目录下：

```
tar -xzvf apache-hive-2.1.0-bin.tar.gz
```

将apache-hive-2.1.0-bin重命名为hive：

```
mv /apache-hive-2.1.0-bin/ /hive
```

（3）使用vim打开环境变量：

```
sudo vim /etc/profile
```

将Hive的bin目录添加到环境变量PATH中，然后保存退出。

```
export HIVE_HOME=/opt/datas/hive1/hive
export PATH=$HIVE_HOME/bin:$PATH
```

执行Source命令，使Hive环境变量生效：

```
source /etc/profile
```

（4）配置hive-env.sh文件。

把本地/opt/datas/hive1/hive/conf目录下的hive-env.sh.template文件名称更改为hive-env.sh：

```
mv hive-env.sh.template hive-env.sh
```

配置hive-env.sh文件。

① 配置HADOOP_HOME路径：

```
export HADOOP_HOME=/usr/local/hadoop
```

② 配置 Hive 的路径 HIVE_CONF_DIR：

```
export HIVE_CONF_DIR=/opt/datas/hive1/hive/conf
```

（5）配置 hive-site.xml 文件，切换到本地/opt/datas/hive1/hive/conf 目录下，并创建 Hive 的配置文件 hive-site.xml。

```
cd /opt/datas/hive1/hive/conf
touch hive-site.xml
```

使用 vim 打开 hive-site.xml 文件：

```
vim hive-site.xml
```

并将下列配置项添加到 hive-site.xml 文件中：

```
<configuration>
    <property>
        <name>javax.jdo.option.ConnectionURL</name>
        <value>jdbc:mysql://localhost:3306/hive?createDatabaseIfNotExsit=t
rue;characterEncoding=latin1</value>
    </property>
    <property>
        <name>javax.jdo.option.ConnectionDriverName</name>
        <value>com.mysql.jdbc.Driver</value>
    </property>
    <property>
        <name>javax.jdo.option.ConnectionUserName</name>
        <value>hive</value>
    </property>
    <property>
        <name>javax.jdo.option.ConnectionPassword</name>
        <value>hive</value>
    </property>
</configuration>
```

Hive 的元数据存储在 MySQL 数据库中，需要在 hive-site.xml 文件中指定 MySQL 数据库的相关信息。此处的数据库的用户名及密码，需要设置为自身系统的数据库用户名及密码，这里都为 hive。

（6）保证 MySQL 数据库已经启动，执行启动命令：

```
Sudo service mysql start
```

（7）开启 MySQL 数据库：

```
mysql -uhive -phive
```

查看数据库是否创建成功：

```
show databases;
```

输入 exit 退出 MySQL 数据库：

```
exit;
```

（8）执行测试。由于 Hive 对数据的处理依赖 MapReduce 计算模型，所以需要保证 Hadoop 相关进程已经启动。

输入 jps，查看进程状态。若 Hadoop 相关进程未启动，则需启动 Hadoop。

```
/usr/local/hadoop/sbin/start-all.sh
```

启动 Hadoop 后，在终端命令行界面直接输入 hive，便可启动 Hive 命令行模式。

```
hive
```

输入 HQL 语句查询数据库，测试 Hive 是否可以正常使用。

```
show databases;
```

【实验分析讨论】

【实验教师评语】

【成绩】

签　名：
日　期：

实验 2　Hive 数据定义

实验时间：＿＿＿＿＿＿＿＿　实验地点：＿＿＿＿＿＿＿＿
姓　　名：＿＿＿＿＿＿＿＿　学　　号：＿＿＿＿＿＿＿＿

【实验目的及要求】

（1）了解 Hive 的基本操作。

（2）了解 Hive 的内部表与外部表的区别。

【实验系统环境及版本】

（1）Linux Ubuntu 16.04。

（2）JDK1.8。

（3）Hadoop 2.7.1。

（4）MySQL 5.6.24。

（5）Hive 2.1.0。

【实验任务】

（1）数据仓库的创建与删除。

（2）内部表和外部表的创建、修改、删除。

【实验内容及步骤】

1．实验环境准备和启动

（1）输入 jps 检查 Hadoop 相关进程，查看是否已经启动。若未启动，切换到/usr/local/hadoop 目录下，启动 Hadoop。

```
jps
cd /usr/local/hadoop
./sbin/start-all.sh
```

（2）启动 Hive。切换到/usr/local/hive 目录下，开启 Hive：

```
cd /usr/local/hive
./bin/hive
```

2．Hive 数据仓库的操作

（1）在 Hive 中创建一个数据仓库，名为 hive_DWH：

```
create database hive_DWH;
```

（2）在 Hive 中查询数据仓库：

```
show databases;
```

（3）在创建数据仓库时，应避免新建的库名与已有库名重复，可以加上 if not exists 关键字。

```
create database if not exists hive_DWH_1;
```

（4）切换数据仓库 hive_DWH：

```
use hive_DWH;
```

（5）查看数据仓库 hive_DWH 的详细信息：

```
desc database hive_DWH;
```

（6）删除数据仓库 hive_DWH_1：

```
drop database hive_DWH_1;
```

3．Hive 数据表的操作

（1）查看已存在的表：

```
show tables;
```

（2）创建一个名为 test 的内部表，有两个字段，分别为 test_id 和 test_name，数据类型分别为 Int 和 String。

```
create table test(test_id int,test_name string)
row format delimited fields terminated by '\t';
```

（3）再次创建一个与刚才表名相同的表，看一下报错信息。

```
create table test(test_id int,test_name string)
row format delimited fields terminated by '\t';
```

提示错误，该表已经存在！说明表与数据仓库一样，名称不能重复，解决方法是加入 if not exists 关键字。

（4）创建一个外部表，表名为 test2，有两个字段，分别为 test_id 和 test_name，数据类型分别为 Int 和 String。

```
create external table if not exists test2(test_id int,test_name string)
row format delimited fields terminated by '\t';
```

（5）修改 test 表的表结构，对 test 表添加两个字段 group_id 和 test_code：

```
alter table test add columns(group_id string,test_code string);
```

（6）查看添加字段后的 test 表结构：

```
desc test;
```

（7）修改 test2 表的表名，把 test2 表重命名为 test3：

```
alter table test2 rename to test3;
```

这个命令可以更改表名，数据所在的位置和分区名并不改变。

（8）删除名为 test3 的表并查看：

```
drop table test3;
show tables;
```

（9）创建与已有表相同结构的表。创建一个与 test 表结构相同的表，名为 test4，这里要用到 like 关键字。

```
create table test4 like test;
```

（10）表创建完成并查看结果：

```
show tables;
```

【实验分析讨论】

【实验教师评语】

【成绩】

签　名：

日　期：

实验 3　Hive 数据操作

实验时间：________________　实验地点：________________

姓　　名：________________　学　　号：________________

【实验目的及要求】

（1）了解 Hive 的基本操作。

（2）了解 Hive 的内部表与外部表的区别。

（3）掌握表中数据的导入和导出方法。

【实验系统环境及版本】

（1）Linux Ubuntu 16.04。

（2）JDK1.8。

（3）Hadoop 2.7.1。

（4）MySQL 5.6.24。

（5）Hive 2.1.0。

【实验任务】

Hive 表中数据的导入和导出。

【实验内容及步骤】

1．Hive 数据的导入

（1）从本地文件系统中导入数据到 Hive 表。

在 Hive 中创建一个 test 表，包含 id 和 name 两个字段，数据类型分别为 Int 和 String，以“\t”为分隔符，并查看结果。

```
create table test(id int,name string)
row format delimited fields terminated by '\t'
stored as textfile;
```

将 Linux 本地/opt/datas 目录下的 test.txt 文件导入 test 表中：

```
load data local inpath '/opt/datas/test.txt' into table test;
```

查看 test 表中是否成功导入数据：

```
select * from test;
```

（2）将 HDFS 上的数据导入 Hive 中。

开启一个新终端，在 HDFS 上创建/myhive 目录：

```
hdfs dfs -mkdir /myhive
```

将 Linux 本地/opt/datas 目录下的文件 test.txt 上传到 HDFS 的/myhive 中，并查看是否上传成功：

```
hdfs dfs -put /opt/datas/test.txt /myhive
hdfs dfs -ls /myhive
```

在 Hive 中创建名为 test1 的表：

```
create table test1(id int,name string)
row format delimited fields terminated by '\t'
stored as textfile;
```

将 HDFS 的/myhive 中的数据文件 test.txt 导入 Hive 的 test1 表中，并查看结果：

```
load data inpath '/myhive/test.txt' into table test1;
select * from test1;
```

提示：HDFS 中的数据导入 Hive 中与本地数据导入 Hive 中的区别是 Load Data 后少了 Local 关键字。

（3）从其他表中查询出相应的数据并导入 Hive 中。

在 Hive 中创建一个名为 test2 的表：

```
create table test2(id int,name string)
row format delimited fields terminated by '\t'
stored as textfile;
```

用下面两种方法将 test1 表中的数据导入 test2 表中：

```
insert into table test2 select * from test1;
```

或

```
insert overwrite table test2 select * from test1;
```

导入完成后，用 select 语句查询 test2 表：

```
select * from test2;
```

（4）在创建表的同时从其他表中查询出相应数据并插入所创建的表中。

在 Hive 中创建表 test3 并直接从 test2 表中导入数据：

```
create table test3 as select * from test2;
```

创建并导入完成后，用 select 语句查询结果：

```
select * from test3;
```

（5）创建表，并指定加载数据在 HDFS 中的其他位置。

在 Hive 中创建表 test4：

```
create table if not exists test4(
id int, name string)
row format delimited fields terminated by '\t'
location '/user/hive/warehouse/test4';
```

开启一个新终端，上传数据到 HDFS 中：

```
hdfs dfs -put /opt/datas/test.txt /user/hive/warehouse/test4;
```

创建并导入完成后，用 select 语句查询结果：

```
select * from test4;
```

2．Hive 数据导出

（1）导出到本地文件系统

将 Hive 中的 test 表数据导出到本地文件系统/opt/datas/output 中，output 目录在数据导出时自动创建，不用事先创建。

注意：该方法和导入数据到 Hive 不一样，不能用 Insert Into 来将数据导出。

```
insert overwrite local directory '/opt/datas/output' select * from test;
```

导出完成后，在 Linux 本地切换到/opt/datas/output 目录，通过 cat 命令查询导出文件的内容：

```
cd /opt/datas/output
ls
cat 000000_0
```

可以看到导出的数据，字段之间没有分隔开，所以使用下面的方式，将输出字段以“\t”键分隔：

```
insert overwrite local directory '/opt/datas/output'
select concat(id,'\t',name) from test;
```

也可以使用下面的方式，将输出字段以“\t”键分隔：

```
insert overwrite local directory '/opt/datas/output'
row format delimited fields terminated by '\t'
```

```
select id, name from test;
```

通过 cat 命令查询/opt/datas/output 目录下的导出文件：

```
cd /opt/datas/output/
cat 000000_0
```

（2）Hive 中数据导出到 HDFS 中

开启一个新终端，在 HDFS 中创建/myhive/output 目录：

```
hdfs dfs -mkdir -p /myhive/output
```

将 Hive 的表 test 中的数据导出到 HDFS 的/myhive/output 目录中：

```
insert overwrite directory '/myhive/output'
row format delimited fields terminated by '\t'
select id,name from test;
```

导出完成后，在 HDFS 的/myhive/output 目录下查看结果：

```
hdfs dfs -cat /myhive/output/*
```

（3）导出到 Hive 的另一个表中

将 Hive 的表 test 中的数据导入 test5 表中（两表字段及字符类型相同）。

在 Hive 中创建一个表 test5，有 id 和 name 两个字段，数据类型分别为 Int 和 String，以“\t”为分隔符：

```
create table test5(id int,name string)
row format delimited fields terminated by '\t'
stored as textfile;
```

将 test 表中的数据导出到 test5 表中：

```
insert into table test5 select * from test;
```

导出完成后，查看 test5 表中数据：

```
select * from test5;
```

（4）Export 语句导出

Export 语句可以将 Hive 表中的数据导出到 Hadoop 集群的 HDFS 的其他目录下：

```
export table test to '/user/hive/warehouse/export/test';
```

导出完成后，在 HDFS 的/user/hive/warehouse/export/test 目录下查看导出的数据：

```
hdfs dfs -cat /user/hive/warehouse/export/test/data/*
```

（5）Hive Shell 命令导出

在不启动 Hive 的情况下，也可以将 HQL 语句的查询结果存储在本地指定目录下的 test1.txt 文件中。

退出 Hive：

```
quit;
```

切换到 Hive 的安装目录：

```
cd /usr/local/hive
```

执行查询：

```
bin/hive -e 'select * from test;'> /opt/datas/test1.txt;
```

开启一个新终端，切换到/opt/datas 目录，查看 test1.txt 文件的内容：

```
cd /opt/datas
cat test1.txt
```

（6）将 HQL 语句存储在执行脚本文件中。

将执行脚本文件的执行结果存储在指定目录下的 test2.txt 文件中。

创建 hivef.sql 脚本文件：

```
cd /opt/datas
vim hivef.sql
```

将 HQL 语句“select * from test;”保存其中，并退出。

切换到 Hive 的安装目录：

```
cd /usr/local/hive
```

执行 hivef.sql 脚本文件中的查询语句，并将查询结果输出到 test2.txt 文件中：

```
bin/hive -f /opt/datas/hivef.sql > /opt/datas/test2.txt;
```

开启一个新终端，切换到/opt/datas 目录，查看 test2.txt 文件的内容：

```
cd /opt/datas
cat test2.txt
```

【实验分析讨论】

【实验教师评语】

【成绩】

签　名：

日　期：

实验 4　Hive 分区表和桶表

实验时间：________________　实验地点：________________

姓　　名：________________　学　　号：________________

【实验目的及要求】

（1）了解 Hive 的基本操作。

（2）了解 Hive 的分区表与桶表的区别。

【实验系统环境及版本】

（1）Linux Ubuntu 16.04。

（2）JDK1.8。

（3）Hadoop 2.7.1。

（4）MySQL 5.6.24。

（5）Hive 2.1.0。

【实验任务】

（1）表的创建、修改、删除。

（2）表中数据的导入、导出。

（3）表分区与桶表的创建、修改、删除。

【实验内容及步骤】

1．Hive 分区表的操作

（1）创建分区表。在 Hive 中创建一个分区表 student，包含 id 和 name 两个字段，数据类型分别为 Int 和 String；分区列为 month，数据类型为 String，以“\t”为分隔符。

```
create table student(id int,name string)
partitioned by (month string)
row format delimited fields terminated by '\t';
```

查看表 student 结构：

```
desc student;
```

（2）向分区表导入数据。在 Hive 中创建一个非分区表 student_1，用于存储本地/opt/datas 目录下 student.txt 文件中的数据：

```
create table student_1(id int,name string,month string)
row format delimited fields terminated by '\t';
```

将本地/opt/datas 目录下 student.txt 中的数据导入 student_1 表中：

```
load data local inpath '/opt/datas/student.txt' into table student_1;
```

再将表 student_1 中的数据导入分区表 student 中：

```
insert into table student partition(month='202108') select id,name from
student_1 where month='202108';
```

（3）导入数据完成后，用 select 语句查看结果：

```
select * from student where month='202108';
```

（4）查看表 student 中的分区：

```
show partitions student;
```

（5）修改分区表，将分区表 student 中的分区列 month=202108 改为 month=202107，并查看修改后的分区名：

```
alter table student partition(month=202108) rename to partition(month=202107);

show partitions student;
```

（6）创建二级分区表。

创建二级分区表 student2：

```
create table student2(id int,name string)
partitioned by (month string,day string)
```

```
row format delimited fields terminated by '\t';
```

使用 load 向二级分区表 student2 导入数据：

```
load data local inpath '/opt/datas/student.txt' overwrite into table student2
partition(month='202107', day='17');
```

查询二级分区表数据：

```
select * from student2 where month='202107' and day='17';
```

2. Hive 桶表的操作

（1）创建桶表。创建一个名为 student_b 的表，包含两个字段 id 和 name，数据类型分别为 Int 和 String，按 month 进行分区，按 name 字段分桶和 id 字段排序，分成 4 个桶。

```
create table student_b(id int,name string)
partitioned by (month string)
clustered by(name)
sorted by (id)
into 4 buckets;
```

（2）设置桶表属性：

```
set hive.enforce.bucketing=true;
```

（3）向 student_b 桶表中导入 student_1 表中的数据：

```
insert overwrite table student_b partition(month='202106') select id,name from
student_1;
```

（4）浏览 HDFS 的桶表 student_b 中的数据文件：

```
dfs -ls /user/hive/warehouse/hivedwh.db/student_b/month=202106;
```

（5）查看桶表数据：

```
select * from student_b;
```

（6）查看桶 1 数据（桶表 student_b 在数据仓库 hivedwh 中）：

```
dfs -cat /user/hive/warehouse/hivedwh.db/student_b/month=202106/000000_0;
```

（7）查看桶 2 数据：

```
dfs -cat /user/hive/warehouse/hivedwh.db/student_b/month=202106/000001_0;
```

【实验分析讨论】

【实验教师评语】

【成绩】

签　名：
日　期：

实验 5　Hive 查询

实验时间：________________　实验地点：________________
姓　　名：________________　学　　号：________________

【实验目的及要求】

（1）了解 Hive 的 SQL 基本语法。

（2）掌握 Hive 的多种查询方式。

【实验系统环境及版本】

（1）Linux Ubuntu 16.04。

（2）JDK1.8。

（3）Hadoop 2.7.1。

（4）MySQL 5.6.24。

（5）Hive 2.1.0。

【实验任务】

（1）掌握 Hive 的全表查询、别名查询、限定查询与多表联合查询。

（2）掌握 Hive 的多表插入、多目录输出。

（3）使用 Shell 脚本查看 Hive 中的表。

【实验内容及步骤】

（1）输入 jps 检查 Hadoop 相关进程，是否已经启动。若未启动，切换到/usr/local/hadoop 目录下，启动 Hadoop。

```
jps
cd /usr/local/hadoop
./sbin/start-all.sh
```

（2）执行启动命令，开启 MySQL 数据库，用于存放 Hive 的元数据信息。

```
sudo service mysql start
```

（3）在终端命令行界面直接输入 hive 命令，启动 Hive 命令行：

```
hive
```

（4）打开一个新的终端命令行界面，切换到/opt/datas 目录下：

```
cd /opt/datas
```

使用 WinSCP 软件将 Windows 系统中的数据文件 emp.txt、dept.txt 导入 Linux 本地的/opt/datas 目录下。

（5）在 Hive 命令行，创建 emp 表，包含 empno（Int）、ename（String）、gender（String）、 bday（String）、area（String）、score（Double）、deptno（Int）、scholarship（Double）8 个字段，以“\t”为分隔符。

```
    create table if not exists emp(
    empno int,ename string,gender string,bday string,area string,score double,
deptno int,scholarship double)
    row format delimited fields terminated by '\t';
```

（6）创建 dept 表，包含 deptno（Int）、dname（String）、buildingsno（Int）3 个字段，以“\t”为分隔符。

```
    create table if not exists dept(
    deptno int,dname string,buildingsno int)
    row format delimited fields terminated by '\t';
```

（7）将本地/opt/datas/目录下的数据文件 emp.txt 导入 Hive 的 emp 表中，数据文件 dept.txt 导入 Hive 的 dept 表中：

```
    load data local inpath '/opt/datas/emp.txt' into table emp;
    load data local inpath '/opt/datas/dept.txt' into table dept;
```

（8）更改表 emp 和 dept 的属性，设置汉字编码，否则汉字出现乱码。注意：GBK 必须大写。

```
    alter table emp
    set serdeproperties('serialization.encoding'='GBK');
    alter table dept
    set serdeproperties('serialization.encoding'='GBK');
```

（9）全表查询。查询 emp 表中的全部字段：

```
    select * from emp;
```

（10）别名查询，查询表 emp 中的 empno 和 bday 字段：

```
    select e.empno,e.bday from emp e;
```

（11）限定查询（Where）。查询 emp 表中 deptno=100 的 empno：

```
    select empno from emp where deptno=100;
```

（12）两表联合查询。通过 deptno 连接表 emp 和表 dept，查询表 emp 的 bday 字段和表 dept 的 dname 字段：

```
    select e.bday,d.dname from emp e,dept d where e.deptno=d.deptno;
```

（13）多表插入。多表插入是指在同一条语句中，把读取的同一份数据插入不同的表中。使用 emp 表作为插入表，创建 emp1 和 emp2 两表作为被插入表。

① 创建表 emp1 和表 emp2：

```
    create table emp1 like emp;
    create table emp2 like emp;
```

② 将 emp 表中数据插入表 emp1 和表 emp2：

```
    from emp
    insert overwrite table emp1 select *
    insert overwrite table emp2 select *;
```

③ 查询表 emp1 和表 emp2 中的数据信息：

```
    select * from emp1;
    select * from emp2;
```

（14）删除/opt/datas 目录下的所有 output 目录，为后续操作做准备。

```
rm -r /opt/datas/output*
```

（15）多目录输出文件，将同一表数据输出到本地不同目录中。将 emp 表数据导出到本地/opt/datas/output1 和/opt/datas/output2 目录中。

```
from emp
insert overwrite local directory '/opt/datas/output1'
row format delimited fields terminated by '\t'
select *
insert overwrite local directory '/opt/datas/output2'
row format delimited fields terminated by '\t'
select *;
```

（16）切换到本地/opt/datas/output1 目录中，查询输出文件。

```
cd /opt/datas/output1
cat 000000_0
```

（17）桶表抽样查询。

查询桶表 student_b 中的数据，抽取桶 1 中的数据：

```
select id,name from student_b tablesample(bucket 1 out of 4 on name);
```

查询桶表 student_b 中的数据，抽取桶 1 和桶 3 中的数据：

```
select id,name from student_b tablesample(bucket 1 out of 2 on name);
```

查询桶表 student_b 中的数据，随机抽取 4 个桶中的数据：

```
select id,name from student_b tablesample(bucket 1 out of 4 on rand());
```

（18）按数据量百分比抽样查询：

```
select ename, bday, score from emp tablesample(10 percent);
```

（19）按数据大小（1B）抽样查询：

```
select ename, bday, score from emp tablesample(1b);
```

（20）按数据大小（1KB）抽样查询：

```
select ename, bday, score from emp tablesample(1k);
```

（21）按数据行数抽样查询：

```
select ename, bday, score from emp tablesample(8 rows);
```

（22）使用 Shell 脚本调用 Hive 查询语句。

① 切换到本地目录/opt/datas 下，使用 vim 命令编写一个 Shell 脚本，命名为 alltable，实现查询 Hive 中的所有表。

```
cd /opt/datas
vim alltable
```

② 在 alltable 中，输入以下脚本，并保存退出：

```
cd /usr/local/hive;
./bin/hive -e 'use hivedwh;show tables;'
```

③ 赋予 alltable 具有执行权限：

```
chmod +x alltable
```

④ 执行 Shell 脚本：

```
./alltable
```

【实验分析讨论】

【实验教师评语】

【成绩】

签　名：
日　期：

实验 6　Hive 分组排序

实验时间：________________　实验地点：________________
姓　　名：________________　学　　号：________________

【实验目的及要求】

（1）掌握 Hive 中全局排序 Order by、内部排序 Sort by 的用法及区别。

（2）掌握 Hive 中 Group by 分组语句的用法。

（3）了解 Hive 中 Distribute By 分区排序、Group By 及 Cluster By 排序的用法与区别。

【实验系统环境及版本】

（1）Linux Ubuntu 16.04。

（2）JDK1.8。

（3）Hadoop 2.7.1。

（4）MySQL 5.6.24。

（5）Hive 2.1.0。

【实验任务】

（1）全局排序 Order By 与内部排序 Sort By 的用法及应用的场景。

（2）分组查询 Group By 的应用场景与基本语法。

（3）排序 Cluster By 与 Distribute By 和内部排序 Sort By 的关系及相关操作。

【实验内容及步骤】

（1）输入 jps 检查 Hadoop 相关进程，是否已经启动。若未启动，切换到/usr/local/hadoop/sbin

目录下，启动 Hadoop。

```
jps
cd /usr/local/hadoop
./sbin/start-all.sh
```

（2）开启 MySQL 数据库，用于存放 Hive 的元数据信息。

```
sudo service mysql start
```

（3）切换到/opt/datas 目录：

```
cd /opt/datas
```

使用 WinSCP 软件将数据文件 emp.txt 导入/opt/datas 目录下。

（4）在终端命令行界面直接输入 hive 命令，启动 Hive 命令行。

```
hive
```

（5）创建 emp 表，包含 empno（Int）、ename（String）、gender（String）、bday（String）、area（String）、score（Double）、deptno（Int）、scholarship（Double）8 个字段，以“\t”为分隔符。

```
create table if not exists emp(
empno int,ename string,gender string,bday string,area string,
score double,deptno int,scholarship double)
row format delimited fields terminated by '\t';
```

（6）将本地/opt/datas/目录下的数据文件 emp.txt 导入 Hive 的 emp 表中：

```
load data local inpath '/opt/datas/emp.txt' into table emp;
```

（7）删除/opt/datas 目录下的所有 output 目录，为后续操作做准备。

```
rm -r /opt/datas/output*
```

（8）Order By 全局排序。使用 Order By 对 score 从高到低排序：

```
select * from emp order by score desc;
```

（9）Sort By 内部排序。为演示 Sort By 内部排序的效果，将 Reduce 个数设置为 3，命令如下：

```
set mapred.reduce.tasks=3;
```

（10）按 empno 进行排序：

```
insert overwrite local directory '/opt/datas/output1'
row format delimited fields terminated by '\t'
select * from emp sort by empno;
```

在本地目录/opt/datas/output1 中生成 3 个文件，分别为 000000_0、000001_0、000002_0，查看文件中的数据。

```
cat 000000_0
```

（11）Group By 排序。按 deptno 分组查询 score：

```
select deptno,count(score) from emp group by deptno;
```

（12）Distribute By 分区排序。为演示 Distribute By 分区排序的效果，将 Reduce 个数设置为 3，命令如下：

```
set mapred.reduce.tasks=3;
```

（13）使用 emp 表，按 area 进行分区(Distribute By)，输出到本地/opt/datas/output2 目录中：

```
insert overwrite local directory '/opt/datas/output2'
row format delimited fields terminated by '\t'
```

```
select * from emp distribute by area;
```

（14）切换到 Linux 本地窗口，查看目录/opt/datas/output2 下的文件：

```
cd /opt/datas/output2
cat 000000_0;
cat 000001_0;
cat 000002_0;
```

数据按 area 分发到 3 个文件中。

（15）Cluster By 排序。将 Reduce 个数设置为 3：

```
set mapred.reduce.tasks=3;
```

（16）按 empno 将 emp 分成 3 个文件，并按 empno 排序：

```
insert overwrite local directory '/opt/datas/output3'
row format delimited fields terminated by '\t'
select * from emp cluster by empno;
```

（17）切换到 Linux 本地窗口，查看目录/opt/datas/output3 下的文件：

```
cd /opt/datas/output3
cat 000000_0;
cat 000001_0;
cat 000002_0;
```

【实验分析讨论】

【实验教师评语】

【成绩】

签　名：

日　期：

实验 7　Hive JDBC 连接

实验时间：________________　　实验地点：________________

姓　　名：________________　　学　　号：________________

【实验目的及要求】

掌握 Hive JDBC 连接方法。

【实验系统环境及版本】

（1）Linux Ubuntu 16.04。

（2）JDK 1.8。

（3）Hadoop 2.7.1。

（4）MySQL 5.6.24。

（5）Hive 2.1.0。

（6）Maven 3.3.9。

【实验任务】

使用 JDBC 方式连接 Hive，通过 Java 代码操作 Hive。

【实验内容及步骤】

（1）切换到本地/usr/local/hive/conf 目录下，修改 hive-site.xml 配置文件，写入以下配置信息：

```
<property>
   <name>hive.server2.thrift.port</name>
   <value>10000</value>
</property>
<property>
    <name>hive.server2.thrift.bind.host</name>
    <value>localhost</value>
</property>
```

（2）切换到本地/usr/local/hadoop 目录下，开启 Hadoop 相关进程。

```
cd /usr/local/hadoop
./sbin/start-all.sh
```

（3）切换到/usr/local/hive 目录下，启动 HiveServer2。

```
cd /usr/local/hive
./bin/hive --service hiveserver2
```

（4）另外开启一个新终端，切换到/usr/local/hive 目录下，开启 Beeline。

```
cd /usr/local/hive
./bin/beeline
```

（5）连接 JDBC，输入用户名和密码：

```
!connect jdbc:hive2://localhost:10000
```

（6）另外开启一个新终端，打开 Eclipse（已经安装并配置完成 Maven）。

```
cd /usr/local/eclipse
./eclipse
```

（7）创建一个 Maven 工程。groupId 输入 com.synu.hivejdbc，artifactId 输入 hiveJDBC。

（8）在 pom.xml 中导入依赖。

```
<dependencies>
      <dependency>
          <groupId>org.apache.hadoop</groupId>
          <artifactId>hadoop-hdfs</artifactId>
```

```
            <version>2.7.1</version>
        </dependency>

        <dependency>
            <groupId>org.apache.hadoop</groupId>
            <artifactId>hadoop-common</artifactId>
            <version>2.7.1</version>
        </dependency>

        <dependency>
            <groupId>org.apache.hive</groupId>
            <artifactId>hive-exec</artifactId>
            <version>2.1.0</version>
            <exclusions>
                <exclusion>
                    <artifactId>
                        hiveJDBC
                    </artifactId>
                    <groupId>com.synu.hivejdbc</groupId>
                </exclusion>
            </exclusions>
        </dependency>

        <dependency>
            <groupId>org.apache.hive</groupId>
            <artifactId>hive-jdbc</artifactId>
            <version>2.1.0</version>
        </dependency>
</dependencies>
```

（9）创建名为 Hive_JDBC 的 Java 类。

参考完整 Java 代码为：

```
package hiveJDBC;

import java.sql.Connection;
import java.sql.DriverManager;
import java.sql.ResultSet;
import java.sql.Statement;

public class Hive_JDBC {

    private static Connection conn=null;
    public static void main(String args[]) throws Exception{

        String hivejdbc="jdbc:hive2://localhost:10000/hivedwh";
        conn=DriverManager.getConnection(hivejdbc, "hadoop", "");
```

```
        Statement st=conn.createStatement();
//创建记录集对象
        ResultSet rs=st.executeQuery("select * from test");
        while(rs.next()){
        System.out.println(rs.getString(1)+"\t"+rs.getString(2));
        }
    }
}
```

（10）执行 Java 代码，在 Java 源文件上右键单击，在弹出菜单中单击【Run As】命令，在弹出界面中单击【Java Application】，测试 Hive 是否能够通过 JDBC 连接。在 Console 界面能看到 hivedwh 数据仓库中的 test 表信息，说明 Hive JDBC 连接成功。

【实验分析讨论】

【实验教师评语】

【成绩】

签　名：
日　期：

实验 8　Hive UDF

实验时间：________________　实验地点：________________
姓　　名：________________　学　　号：________________

【实验目的及要求】

（1）掌握 Hive UDF 函数。

（2）掌握创建 Hive UDF 函数的流程。

【实验系统环境及版本】

（1）Linux Ubuntu 16.04。

（2）JDK 1.8。

（3）Hadoop 2.7.1。

（4）MySQL 5.6.24。

（5）Hive 2.1.0。

（6）Maven 3.3.9。

【实验任务】

自定义一个函数，能够将表 test 中的字符串字段全部转化为小写字母。

【实验内容及步骤】

（1）输入 jps 检查 Hadoop 相关进程，Hadoop 是否已经启动。若未启动，切换到/usr/local/hadoop/sbin 目录下，启动 Hadoop。

```
jps
cd /usr/local/hadoop/sbin
./start-all.sh
```

（2）查看 MySQL 数据库的运行状态。

```
sudo service mysql status
```

（3）如果输出显示 MySQL 数据库未启动，执行以下启动命令：

```
sudo service mysql start
```

（4）开启 Eclipse：

```
cd /usr/local/eclipse
./eclipse
```

创建一个 Maven 工程，groupId 输入 com.synu.hive，artifactId 输入 hiveUDF。

（5）在 pom.xml 中导入依赖：

```
<dependencies>
      <!-- https://mvnrepository.com/artifact/org.apache.hive/hive-exec -->
      <dependency>
         <groupId>org.apache.hive</groupId>
         <artifactId>hive-exec</artifactId>
         <version>2.1.0</version>
      </dependency>
</dependencies>
```

（6）创建一个 Java 类 Hive_UDF：

```
package hiveUDF;
import org.apache.hadoop.hive.ql.exec.UDF;
public class Hive_UDF extends UDF {
   public String evaluate (final String s) {
      if (s == null) {
         return null;
      }
      return s.toLowerCase();
      }
}
```

（7）编写调试 Java 程序后，在 Maven 工程 hiveUDF 上右键单击，在弹出菜单中单击

【Run As】命令，在弹出界面中单击【Maven install】按钮，生成 JAR 包。更名该 JAR 包并将其存放在本地/opt/datas/目录下。

```
mv /home/hadoop/workspace/hiveUDF/target/hiveUDF-0.0.1-SNAPSHOT.jar /opt/datas/hiveudf.jar
```

（8）切换到/usr/local/hive/bin 目录下，开启 Hive，并切换到 hivedwh 数据仓库。

```
cd /usr/local/hive/bin
./hive
use hivedwh;
```

（9）将 JAR 包添加到 Hive 的 classpath。

```
add jar /opt/datas/hiveudf.jar;
```

（10）在 Hive 界面创建自定义函数 myLower：

```
create temporary function myLower as "hiveUDF.Hive_UDF";
```

（11）创建 test 表，并导入 test.txt 文件中的数据。

（12）使用自定义函数 myLower 查询表 test 的数据：

```
select id, name, myLower(name) lowername from test;
```

（13）删除自定义函数：

```
drop temporary function myLower;
```

【实验分析讨论】

【实验教师评语】

【成绩】

签　名：

日　期：

附录 A　Hive 常用网址

1．Hive 官网地址

```
http://hive.apache.org/
```

2．文档查看地址

```
https://cwiki.apache.org/confluence/display/Hive/GettingStarted
```

3．Hive 下载地址

```
http://archive.apache.org/dist/hive/
```

4．GitHub 地址

```
https://github.com/apache/hive
```

5．自定义函数官方文档地址

```
https://cwiki.apache.org/confluence/display/Hive/HivePlugins
```

6．存储和压缩网址

```
https://cwiki.apache.org/confluence/display/Hive/LanguageManual+ORC
```

7．Snappy 压缩网址

```
http://google.github.io/snappy/
```

8．HQL 查询

```
https://cwiki.apache.org/confluence/display/Hive/LanguageManual+Select
```

9．hive-site.xml 文件官方文档配置参数

```
https://cwiki.apache.org/confluence/display/Hive/AdminManual+MetastoreAdmin
```

附录 B　常见错误及解决方案

常见错误 1：MySQL 数据库连接不上。

（1）导错安装包，应把 mysql-connector-java-5.1.27-bin.jar 导入/usr/local/hive/lib 目录，错把 mysql-connector-java-5.1.27.tar.gz 导入/usr/local/hive/lib 目录下。

（2）user 表中的主机名称没有都修改为%，而是修改为 localhost。

常见错误 2：启动 MySQL 服务时，出现“MySQL server PID file could not be found!”异常信息。

在/var/lock/subsys/mysql 路径下创建 localhost.pid，并在文件中添加内容：4396。

常见错误 3：出现 service mysql status MySQL is not running, but lock file (/var/lock/subsys/mysql[失败])异常信息。

在/var/lib/mysql 目录下创建：-rw-rw----. 1 mysql mysql　　5 10 月 18 13:46 localhost.pid 文件，并修改权限为 777。

常见错误 4：不能执行 MapReduce 程序。

可能是 Hadoop 的 YARN 没有启动。

常见错误 5：在启动 Hive 时，出现“Hive metastore database is not initialized”的错误。

在终端执行如下命令：

```
hadoop@SYNU:/bin$ schematool -dbType mysql -initSchema
```

常见错误 6：Hive 启动 HiveServer2 连接 JDBC 报错。

报错信息描述：Error: Failed to open new session: java.lang.RuntimeException: org.apache.hadoop.ipc.RemoteException(org.apache.hadoop.security.authorize.AuthorizationException): User: hadoop is not allowed to impersonate hadoop (state=,code=0)

在 Hadoop 的 core-site.xml 配置文件中添加如下配置信息：

```
<property>
  <name>hadoop.proxyuser.hadoop.hosts</name>
  <value>*</value>
</property>
<property>
  <name>hadoop.proxyuser.hadoop.groups</name>
  <value>*</value>
</property>
```

在 Hive 的 hive-site.xml 中添加如下配置信息：

```
<property>
    <name>hive.server2.enable.doAs</name>
    <value>false</value>
</property>
```

常见错误 7：数据仓库表中汉字出现乱码。

在 Hive 终端执行如下命令：

```
hive(hivedwh)>alter table table_name
set serdeproperties('serialization.encoding'='GBK');
```

常见错误 8：Hive 默认的输入处理格式是 CombineHiveInputFormat，会对小文件进行合并。

```
hive(hivedwh)>set hive.input.format;
hive.input.format=org.apache.hadoop.hive.ql.io.CombineHiveInputFormat
```

可以采用 HiveInputFormat，就会根据分区数输出相应的文件。

```
hive(hivedwh)>set hive.input.format=org.apache.hadoop.hive.ql.io. HiveInput
Format;
```

常见错误 9：JVM 堆内存溢出，出现“java.lang.OutOfMemoryError: Java heap space”异常信息。

在 Hadoop 的 yarn-site.xml 配置文件中添加如下代码：

```
<property>
    <name>yarn.scheduler.maximum-allocation-mb</name>
    <value>2048</value>
</property>
<property>
    <name>yarn.scheduler.minimum-allocation-mb</name>
    <value>2048</value>
</property>
<property>
    <name>yarn.nodemanager.vmem-pmem-ratio</name>
    <value>2.1</value>
</property>
<property>
    <name>mapred.child.java.opts</name>
    <value>-Xmx1024m</value>
</property>
```

常见错误 10：编写 Java 程序时 Job 类有红叉，显示“The import org.apache.hadoop.mapreduce.Job cannot be resolved?”错误信息。

在 Eclipse 的 Maven 依赖中找到对应版本的 JAR 包：hadoop-mapreduce-client-core-2.7.1.jar，然后按照路径，找到对应的 JAR 包并删除，右键单击工程→Maven→Update Project（勾选“Force Update of Snapshots/Releases”选项），此时会自动重新下载对应的 JAR 包，同时错误消失。

常见错误 11：Linux 中 Eclipse 启动时报错，显示查看 Log 日志。

首先进入 Eclipse 的工作空间，找到.metadata 文件夹，然后进入.plugins 文件夹，找到 org.eclipse.e4.workbench 并进行删除，重启 Eclipse 后找到 Project，对 Project 进行 Clean（清空），最后就可以正常启动 Eclipse 了。

附录C 部分习题答案

习 题 1

一、选择题

1．C，2．B，3．B，4．C，5．C

二、多选题

1．ABCD，2．ABCD，3．BCD，4．ABD，5．ABCD，6．ACD，7．ABC，8．ABC，9．ABCD，10．ABCD

习 题 2

一、选择题

1．C，2．D，3．D，4．D，5．A，6．D，7．B

二、多选题

1．ABCD，2．ABC，3．ABCD

三、判断题

1．B，2．A，3．A，4．A

习 题 3

一、选择题

1．B，2．C，3．D，4．C，5．B，6．B，7．B，8．B

二、多选题

1．ABCD，2．ABC，3．ABCD，4．AC，5．BD

三、判断题

1．A，2．B，3．A，4．B，5．A，6．B

习 题 4

一、选择题

1．B，2．C，3．C，4．C，5．B，6．B，7．C，8．A，9．D，10．B，11．C，12．C，13．B

二、多选题

1．AB，2．ABCD，3．ABCD，4．BD

三、判断题

1．A，2．B，3．A，4．B，5．A，6．B，7．A，8．A，9．B，10．A，11．A

习　题　5

一、选择题

1．A，2．A，3．B，4．B，5．B，6．B

二、多选题

1．AC，2．AB，3．BC，4．ABCD，5．ABCD

三、判断题

1．A，2．A，3．A，4．A，5．B，6．A，7．B

习　题　6

一、选择题

1．D，2．C，3．D

二、多选题

1．ABCD，2．ABC，3．BCD，4．ACD

三、判断题

1．A，2．A，3．B

习　题　7

一、选择题

1．D，2．B，3．D，4．B，5．B，6．B，7．B

二、多选题

1．ABCD，2．BC，3．CD

三、判断题

1．A，2．A，3．A

习　题　8

一、选择题

1．A，2．A，3．D

二、多选题

1．ABCD，2．ABCD，3．ABC

三、判断题

1. A，2. A，3. A

习　题　9

一、选择题

1. B，2. B，3. D，4. C，5. D，6. D，7. A

二、多选题

1. ABCD，2. ACD，3. AD，4. ACD，5. ABCD，6. ABCD，7. ABCD

三、判断题

1. A，2. A，3. A，4. A

参 考 文 献

[1] 尚硅谷 IT 教育. 大数据分析——数据仓库项目实战. 北京：电子工业出版社，2020.

[2] 林子雨. 大数据技术原理与应用——概念、存储、处理、分析与应用（第 3 版）. 北京：人民邮电出版社，2021.

[3] 林子雨. 大数据基础编程、实验和案例教程（第 2 版）. 北京：清华大学出版社，2020.

[4] Tom White 著，王海译. Hadoop 权威指南 大数据的存储与分析（第 4 版）. 北京：清华大学出版社，2017.

[5] 林子雨. 大数据技术原理与应用（第 2 版）. 北京：人民邮电出版社，2017.

[6] 孙帅，王美佳. Hive 编程技术与应用. 北京：中国水利水电出版社，2018.

[7] 大讲台大数据研习社. Hadoop 大数据技术基础及应用. 北京：机械工业出版社，2019.

[8] 陈志泊. 数据仓库与数据挖掘（第 2 版）. 北京：清华大学出版社，2017.

[9] 王雪迎. Hadoop 构建数据仓库实践. 北京：清华大学出版社，2017.

[10] 小牛学堂. Hadoop 构建数据仓库与实战分析. 北京：电子工业出版社，2019.

[11] 朱松岭. 离线和实时大数据开发实战. 北京：机械工业出版社，2021.

[12] 林志煌. Hive 性能调优实战. 北京：机械工业出版社，2021.

[13] 王宏志. Hadoop 集群程序设计与开发. 北京：人民邮电出版社，2021.

[14] 黄史浩. 大数据原理与技术. 北京：人民邮电出版社，2021.

[15] 朱晓彦，方明清，李强. Hive 数据仓库技术与应用. 北京：中国铁道出版社，2020.

反侵权盗版声明

举报电话：（010）88254396；（010）88258888

传　　真：（010）88254397

E-mail：　dbqq@phei.com.cn

通信地址：北京市万寿路173信箱

　　　　　电子工业出版社总编办公室

邮　　编：100036